COMPUTER VISION ALGORITHMS IN DEEP LEARNING ERA

深度学习时代的计算机视觉算法

徐从安　李健伟　董云龙　孙超　等◎著

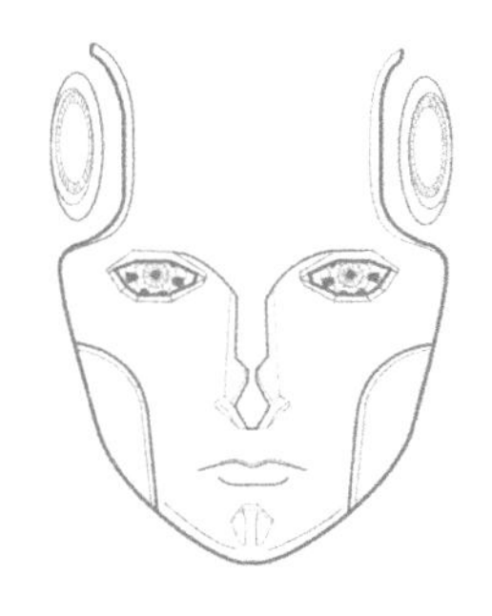

人民邮电出版社
北京

图书在版编目（CIP）数据

深度学习时代的计算机视觉算法 / 徐从安等著. --
北京 : 人民邮电出版社, 2022.1（2022.11重印）
ISBN 978-7-115-58132-7

Ⅰ. ①深… Ⅱ. ①徐… Ⅲ. ①计算机视觉—算法
Ⅳ. ①TP302.7

中国版本图书馆CIP数据核字(2021)第253306号

内 容 提 要

本书着重阐述了深度学习时代的计算机视觉算法的工作原理。首先对深度学习与计算机视觉基础进行了介绍，之后对卷积神经网络结构的演化过程，以及基于深度学习的目标检测算法、图像语义分割算法、人体姿态估计算法、行人重识别与目标跟踪算法、人脸识别算法和图像超分辨率重建方法进行了介绍。本书系统讲解了在日常生活和工作中常见的几项计算机视觉任务，并着重介绍了在当今深度学习时代，这些计算机视觉任务是如何工作的，可使读者快速了解这些算法原理，以及其相互之间的关系。本书适合高年级本科生、研究生、教师，以及对人工智能或计算机视觉算法感兴趣的工程技术人员阅读。

◆ 著　　　徐从安　李健伟　董云龙　孙超　等
责任编辑　唐名威
责任印制　陈　犇
◆ 人民邮电出版社出版发行　　北京市丰台区成寿寺路 11 号
邮编　100164　　电子邮件　315@ptpress.com.cn
网址　https://www.ptpress.com.cn
北京天宇星印刷厂印刷
◆ 开本：700×1000　1/16
印张：12.5　　　　2022 年 1 月第 1 版
字数：196 千字　　　　2022 年 11 月北京第 5 次印刷

定价：129.80 元

读者服务热线：(010)81055493　印装质量热线：(010)81055316
反盗版热线：(010)81055315
广告经营许可证：京东市监广登字 20170147 号

前 言

2012 年左右，随着可获取的数据量的增加、计算资源成本的降低，以及相关算法的出现，人工智能得到了较大的突破，吸引了各行各业人员的目光。其中，深度学习在计算机视觉上的应用是人工智能成功的主要体现。深度学习在计算机视觉领域展现出了较大的优势，这是由于相比于传统算法，其具有端到端的优势，即它并不是将单独调试的部分拼凑起来组成一个系统，而是将整个系统组建好之后一起训练。伴随着这波热潮，基于深度学习的计算机视觉算法在智能安防、自动驾驶、智慧医疗、手机娱乐 App 以及精确制导领域得到了广泛的应用。

本书系统全面地介绍了深度学习时代的计算机视觉任务，包括图像分类、目标检测、图像分割、图像目标跟踪、姿态估计、行人重识别、人脸识别和图像超分辨率重建。计算机视觉各项任务之间是可以互相借鉴的，因此将其放在一本书里对于读者快速系统地了解这些算法是非常有帮助的。

本书第 1 章由李健伟负责，介绍了人工智能、深度学习和计算机视觉等概念；第 2 章由徐从安和李健伟负责，介绍了基于深度学习的图像分类算法模型；第 3 章由徐从安和李健伟负责，介绍了基于深度学习的目标检测算法；第 4 章由李健伟和蔡咪负责，介绍了基于深度学习的图像语义分割算法模型；第 5 章由徐从安负责，介绍了基于深度学习的人体姿态估计算法；第 6 章由李健伟和董云龙负责，介绍了基于深度学习的行人重识别和目标跟踪算法；第 7 章由徐从安和李科健负责，介绍了基于深度学习的人脸识别算法；第 8 章由孙超和李健伟负责，介绍了基于深度学习的图像超分辨率重建方法。

本书部分内容得到了张杨、迟诚、王黎翔、袁磊、唐浪、杨森、刘竞升和向石方等人的帮助，在此一并表示感谢！

由于作者水平有限，书中难免存在疏漏和不当之处，敬请读者批评指正。

作　者

2021 年 9 月于烟台

目录

第1章
深度学习与计算机视觉基础

计算机视觉算法的目的是让摄像头拥有智能的大脑,这本质上属于人工智能的范畴。现阶段，机器学习和深度学习对人工智能的实现起到了非常大的推动作用。因此，本章对人工智能（Artificial Intelligence，AI）、深度学习（Deep Learning）、神经网络、卷积神经网络（Convolutional Neural Network，CNN）和计算机视觉进行简单的介绍，以作为后续章节的基础。

1.1 人工智能简介

人工智能是计算机科学的一个分支，主要研究、开发用于模拟、延伸和扩展人类智能的理论、方法、技术及应用系统等。阿兰·图灵（Alan Turing）提出的图灵测试可作为某个系统是否具有智能的判断依据：一个人在不接触对方的情况下，通过一种特殊的方式和对方进行一系列的问答。如果在相当长时间内，他无法根据这些问题判断对方是人还是计算机，且对方确实是计算机，那么就可以认为这个计算机是智能的。近年来，以机器学习为代表的人工智能技术得到了广泛的应用，人工智能技术已经充斥于人们的日常生活，例如人脸识别、自动驾驶、智能问答和智能安防等。尤其是近十年，得益于数据的增多、计算能力的增强、学习算法的成熟以及应用场景的丰富，深度学习在各项应用上展现出了巨大的优势。

人工智能虽然可在某些方面超越人类，但想让机器真正通过图灵测试，具备真正意义上的人类智能，这个目标还很遥远。

典型的人工智能系统是专家系统，它把知识以形式化的语言进行硬编码，电脑可采用逻辑推理规则来自动理解这些形式化的语言。例如，早期的计算机可打败人类最好的象棋选手，这是因为抽象和形式化的任务对于人类而言是非常困难的脑力任务之一，对于计算机而言却是非常容易的。但是人们的日常生活中具有大量的知识，很多知识难以进行形式化的表达，这导致高级智能难以实现。其实，人工智能也可以自动学习知识，这种方法比人工设计的规则更能适应复杂的环境。例如，直到 2012 年前后计算机才在识别物体或语音任务中达到人类平均水平，2016 年 3 月 DeepMind 团队研发的阿尔法狗（AlphaGo）才在围棋游戏中以 4:1 战胜了韩国名将李世石。

人工智能应该具备自己获取知识的能力，而不是人工设置各种规则，这种能力被称为机器学习（Machine Learning）。机器学习也叫作模式识别，它是指从有限的观测数据中学习出具有一般性的规律，并将总结出来的规律推广应用到未观测样本上。机器学习需要提取一个合适的特征集，但对于计算机视觉和自然语言处理领域而言，很难确定哪些特征是最优的。

表示学习（Representation Learning）通过建立数据和标签的直接映射来提取最优的特征集，这可避免手工设计特征的麻烦，其典型代表是自编码器。深度学习通过较简单的表示来表达复杂的问题，解决了表示学习中的核心问题（从原始数据中提取高层次、抽象的特征），让计算机可通过较简单的概念构建复杂概念。卷积神经网络是深度学习最具有代表性的算法。

1.2 深度学习的崛起以及存在的问题

进入 21 世纪，互联网与移动互联网的兴起产生了大量数据，摩尔定律促进着易获取的计算能力的提升，神经网络的相关算法逐渐成熟，基于此，神经网络迎来了又一次的复兴。神经网络拥有更深的网络结构，因此被称为“深度神经网络”。由于有足够的训练数据和计算能力，深度神经网络在很多任务（尤其是计算机视觉和自然语言处理）中取得了非常优异的性能。性能的突破促进了人工智能在人脸识别、自动驾驶、语音识别等一系列场景中的应用，从而引起了人工智能的热潮。

2006 年 Geoffrey Hinton 提出通过无监督逐层预训练的方法训练深层神经网络，并提出了一些新的网络结构，如深度置信网络（Deep Belief Nets，DBN）等，并命名“深度”学习，这种优化方法促进了第三次神经网络的研究。2009 年 Geoffrey Hinton 将 CNN 介绍给微软的研究者，2011 年深度学习在语音识别上率先突破，结束了语音识别领域将近十年的停滞。2012 年 AlexNet 将深度 CNN 用于图像目标识别，展现出了较大的优势。2014 年 R-CNN 算法将深度 CNN 首次用于图像目标检测任务。2015 年 Yann LeCun 等人在 *Nature* 发表了关于深度学习的综述文章，介绍了深度学习取得突破的重要原因和一些成果。此后，深度学习在诸多领域得到了广泛的应用。

从根源来讲，深度学习问题是一个机器学习问题，它从有限样例中通过算法总结出一般性的规律，并将其应用到新的未知数据上。神经网络和深度学习并不等价，深度学习可以采用神经网络模型，也可以采用其他模型（比如深度信念网络是一种概率图模型）。但是，神经网络模型功能强大，这使得其成为应用最广泛的一种模型（例如计算机视觉普遍采用 CNN）。

神经网络的非线性和复杂性（即要用大量参数来描述）使得虽然通过大量的标注数据经过深度学习可以得到一个结果误差很小的神经网络，但要用它来进行解释却是十分困难的，这是长期困扰神经网络方法的一个问题。

目前以深度学习为核心的人工智能技术还不能与人类智能相提并论。深度学习需要大量的标注数据，与人类的学习方式差异性很大。虽然深度学习取得了很大的成功，但是深度学习还不是一种可以解决一系列复杂问题的通用智能技术，而是可以解决单个问题的一系列技术。

1.3 神经网络的基本概念

神经网络是一种有监督的学习，假设训练集为 $(x(^{i}),y(^{i}))$，那么，通过多层神经元的组合可以模拟一种复杂且非线性的假设模型 $h_{W,b}(x)$，其中，W 和 b 为待拟合的参数。神经网络对多个单一的神经元进行联结，多个神经元的输出可以同时被送到另一个神经元中作为输入，通过这种组合方式可以完成对复杂非线性模型的描述。神经网络示意图如图 1-1 所示。

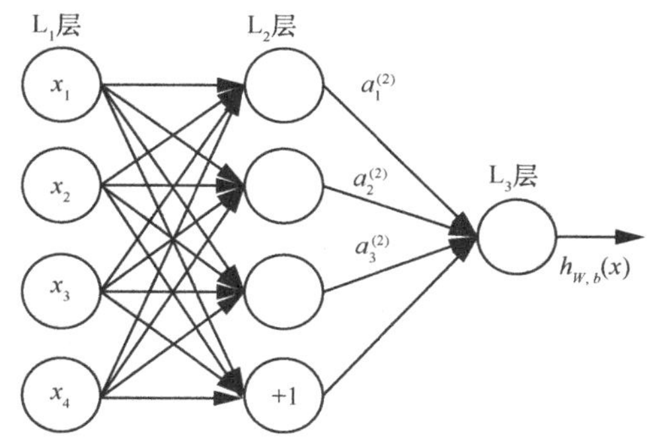

图 1-1　神经网络示意图

1.3.1　前馈神经网络

给定一个前馈神经网络，利用下面的符号来描述该网络。

- $f_l(\cdot)$：表示第 l 层神经元的激活函数。
- $W^{(l)} \in \boldsymbol{R}^{n^l \times n^{l-1}}$：表示第 $l-1$ 层到第 l 层的权重矩阵。
- $b^{(l)} \in \boldsymbol{R}^{n^l}$：表示第 $l-1$ 层到第 l 层的偏置。
- $z^{(l)} \in \boldsymbol{R}^{n^l}$：表示第 l 层神经元的状态。
- $a^{(l)} \in \boldsymbol{R}^{n^l}$：表示第 l 层神经元的活性值。

前馈神经网络通过式（1-1）和式（1-2）进行信息传播：

$$z^{(l)} = W^{(l)} \cdot a^{(l-1)} + b^{(l)} \tag{1-1}$$

$$a^{(l)} = f_l(z^{(l)}) \tag{1-2}$$

式（1-1）和式（1-2）可以合并为：

$$z^{(l)} = W^{(l)} \cdot f_l(z^{(l-1)}) + b^{(l)} \tag{1-3}$$

通过逐层的前馈传播，得到网络最后的输出 a^L：

$$x = a^{(0)} \to z^{(1)} \to a^{(1)} \to z^{(2)} \cdots \to a^{(L-1)} \to z^{(L)} \to a^{(L)} = y \tag{1-4}$$

1.3.2　反向传播算法

反向传播算法的思路如下，假设样本集为 $\{(x^{(1)}, y^{(1)}), \cdots, (x^{(m)}, y^{(m)})\}$，共 m 个

样例，首先进行前向传播运算，计算出网络中所有的激活值，输出值记为 $h_{W,b}(x)$。之后，针对第 l 层的每一个节点 i，计算出其残差 $\delta_i^{(l)}$，该残差表明了该节点对最终输出值的残差产生了多少影响。对于最终的输出节点，可以直接计算出网络产生的激活值与实际值之间的差距，将这个差距定义为 $\delta_i^{(n_l)}$。对于网络中将 $a_i^{(l)}$ 作为输入的隐藏单元，利用第 $l+1$ 层节点残差的加权平均值计算 $\delta_i^{(l)}$，由此，反向传播算法的具体细节如下所示：

（1）进行前馈传播计算，利用前向传播计算式，得到 $L_2, L_3, \cdots$ 直到输出层 L_{n_l} 的激活值；

（2）对于第 n_l 层（输出层）的每个输出单元 i，根据式（1-5）计算残差（J为代价函数）：

$$\delta_i^{(n_l)} = \frac{\partial}{\partial z_i^{n_l}} J(W,b;x,y) = \frac{\partial}{\partial z_i^{n_l}} \frac{1}{2} \left\| y - h_{W,b}(x) \right\|^2 = -(y_i - a_i^{(n_l)}) \cdot f'(z_i^{(n_l)}) \qquad (1\text{-}5)$$

（3）对于 $l = n_l - 1, n_l - 2, n_l - 3, \cdots, 2$ 的各个网络层，第 l 层的第 i 个节点的残差计算式为：

$$\delta_i^{(n_{l-1})} = \frac{\partial}{\partial z_i^{n_l - 1}} J(W,b;x,y) = \frac{\partial}{\partial z_i^{n_l}} J(W,b;x,y) \cdot \frac{\partial z_i^{n_l}}{\partial z_i^{n_{l-1}}} =$$

$$\delta_i^{(n_l)} \cdot \frac{\partial z_i^{n_l}}{\partial z_i^{n_{l-1}}} = \delta_i^{(n_l)} \cdot \frac{\partial}{\partial z_i^{n_{l-1}}} \sum_{j=1}^{s_l - 1} W_{ji}^{n_l - 1} f(z_i^{n_l - 1}) = \left(\sum_{j=1}^{s_l - 1} W_{ji}^{n_l - 1} \delta_i^{(n_l)}\right) f'(z_i^{n_l - 1}) \qquad (1\text{-}6)$$

根据推导过程，将 $n_l - 1$ 与 n_l 的关系替换为 l 与 $l+1$，可以得到：

$$\delta_i^{(l)} = \left(\sum_{j=1}^{s_l + 1} W_{ji}^{(l)} \delta_j^{(l+1)}\right) f'(z_i^{(l)}) \qquad (1\text{-}7)$$

通过逐层的迭代求导计算，实现了算法的反向传播。

（4）偏导数的计算如下：

$$\frac{\partial}{\partial W_{ij}^{(l)}} J(W,b;x,y) = a_j^{(l)} \delta_i^{(l+1)} \qquad (1\text{-}8)$$

$$\frac{\partial}{\partial b_i^{(l)}} J(W,b;x,y) = \delta_i^{(l+1)} \qquad (1\text{-}9)$$

1.3.3 权重系数更新

针对只包含单个样例(x, y)的网络，代价函数为：

$$J(W,b;x,y)=\frac{1}{2}\left\|h_{W,b}(x)-y\right\|^2 \tag{1-10}$$

对于包含 m 个样本空间的数据集，网络的整体代价函数可定义为：

$$J(W,b)=\sum_{i=1}^{m}L(y^{(i)},f(x^{(i)}\mid W,b))+\frac{1}{2}\lambda\|W\|_{\mathrm{F}}^2=$$

$$\sum_{i=1}^{m}J(W,b;x^{(i)},y^{(i)})+\frac{1}{2}\lambda\sum_{l=1}^{n_l-1}\sum_{i=1}^{s_l}\sum_{j=1}^{s_l+1}(W_{ji}^{(l)})^2 \tag{1-11}$$

其中，系数 λ 影响式（1-11）中两项的相对权重，代价函数的优化目标是利用参数 W 和 b 通过反复迭代求取 $J(W,b)$ 的最小值。采用梯度下降法更新参数：

$$W_{ij}^{(l)}=W_{ij}^{(l)}-\alpha\frac{\partial}{\partial W_{ij}^{(l)}}J(W,b) \tag{1-12}$$

$$b_i^{(l)}=b_i^{(l)}-\alpha\frac{\partial}{\partial b_i^{(l)}}J(W,b) \tag{1-13}$$

其中，α 是学习率。

1.4 卷积神经网络原理

CNN 是一类特殊的人工神经网络，区别于其他神经网络模型，如循环神经网络（Recurrent Neural Network，RNN）和受限玻尔兹曼机（Restricted Boltzmann Machine，RBM）等，其输入为二维图像，连接权重是二维矩阵，最基本的操作是二维卷积运算和下采样操作。CNN 在图像分类、图像语义分割、图像检索和物体检测等诸多图像相关任务上表现优异。

1.4.1 CNN 的起源与发展

1959 年，加拿大神经科学家 David H. Hubel 和 Torsten Wiesel 首次提出了猫的初级视觉皮层中单个神经元的感受野这一概念，紧接着于 1962 年发现了猫的视觉中枢里存在感受野、双目视觉和其他功能结构。这标志着神经网络结构首次在生物大脑视觉系统中被发现，为 CNN 的出现奠定了最原始的理论基础。他们因为在视觉信息处理系统方面的杰出贡献获得了 1981 年的诺贝尔生理学或医学奖。

1980 年前后，日本科学家福岛邦彦在 David H. Hubel 和 Torsten Wiesel 工作的基础上，模拟生物视觉系统，并提出了一种层级化的多层人工神经网络——神经认知（Neurocognition），以处理手写字符识别和其他模式识别任务。该模型在后来也被认为是现今 CNN 的前身。

Yann LeCun 等人在 1998 年使用后向传播算法设计并训练了经典的 LeNet-5 系统，在 MNIST 数据集上获得了 99%以上的识别率，并将其成功应用于 20 世纪 90 年代的银行手写支票识别，LeNet-5 成为首个商用 CNN 模型。然而此时的 CNN 面向的主要是规格较小的图片，对大规模数据的识别效果并不理想，且当神经网络的层数增加时，传统的后向传播网络会遇到局部最优、过拟合和梯度扩散等问题，进一步限制了人工神经网络的应用。

2006 年，Geoffrey Hinton 和他的学生在 *Science* 杂志上发表的文章首次提出了深度学习的概念，主要论述了两个观点：一是相比浅层网络，具有多个隐层的人工神经网络具有更强的特征学习能力；二是深度神经网络在训练上的困难（主要表现为梯度消失或梯度爆炸问题）可以通过“逐层初始化”的方法来解决。这两项成果为神经网络算法带来了新的发展机遇，促进了深度学习的发展。

2012 年，Alex Krizhevsky 等人提出的 AlexNet 在 ImageNet 大规模视觉识别挑战竞赛（ImageNet Large Scale Visual Recognition Challenge，ILSVRC）上取得了 15.3%的 Top-5 错误率，远超第二名 26.2%的成绩。自此，CNN 开始受到学术界的高度关注，许多性能优秀的网络模型也在 AlexNet 之后被陆续提出。

2014 年，Christian Szegedy 等人提出了基于 Inception 结构的 GoogLeNet，将 Top-5 错误率降低到了 6.67%。同年，牛津大学的视觉几何组提出的 VGGNet 也取得了优异的成绩，取得了 ILSVRC-2014 定位任务第一名和分类任务第二名的成绩，其突出贡献在于证明了使用很小的卷积核（3×3）和增加网络深度可以有效地提升模型的识别能力。

2015 年，何恺明提出的残差网络（Residual Network，ResNet）致力于解决识别错误率随网络深度增加而升高的问题，使用 152 层的深度网络在 ILSVRC 上取得了 3.57%的 Top-5 错误率。

2017 年中国自动驾驶创业公司 Momenta 的 WMW 团队提出的 SENet（Squeeze-and Excitation-Networks）通过在网络中嵌入 SE 模块，在图像分类任务上达到了 2.251%的 Top-5 错误率。此外，近年来出现的 DenseNet、ResNext 和 ShuffleNet 等都在不同方面提升了卷积神经网络的性能。

当前 CNN 和很多深度学习技术（如 RNN、生成对抗网络等）处于飞速发展的阶段。在海量数据和高性能计算硬件（特别是 GPU）的支撑下，各种新思想、新技术不断被提出，落地应用的速度也不断加快。

1.4.2 CNN 结构简介

作为一种层次模型，CNN 将原始图像或音频等数据作为输入，经过卷积、下采样（池化）、非线性激活函数映射等一系列操作，将高层语义信息逐层抽象提取出来，最终输出判别结果。这一系列操作都有相应的结构，如卷积操作对应卷积层，池化操作对应池化层等。CNN 一般由卷积层和下采样（池化）层不断堆叠完成特征的抽象和提取，再经全连接层和输出层输出结果，典型的 CNN 结构如图 1-2 所示。

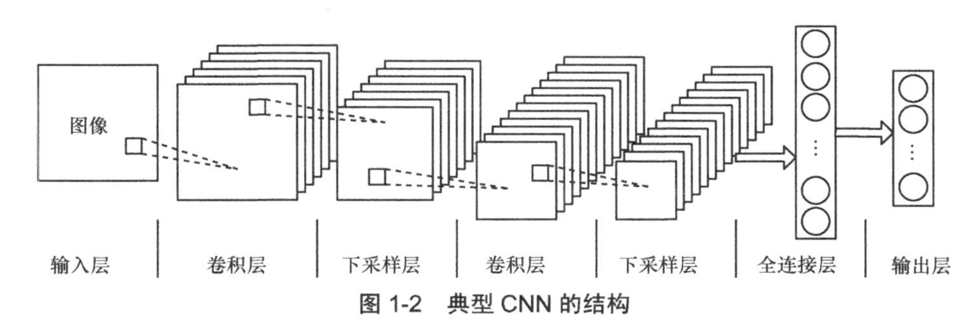

图 1-2　典型 CNN 的结构

基于梯度下降法训练的多层神经网络可以学习从大量数据到目标类别的高维非线性的映射，因此比较适用于图像识别。传统的方法采用特征设计和分类器设计两个步骤，更具潜力的方法是让模型自己学习特征，而不是人工设计特征，但是直接将图像输入全连接层会存在一些问题。第一，参数数量太多，例如，图像尺寸为1000×1000，输入层就会有100万个神经元，如果隐藏层有100个神经元，那么从输入到隐藏层会有1亿个连接（也叫权重或参数）。第二，没有利用像素之间的位置信息，每个像素与其周围像素的联系是比较紧密的，与离得很远的像素的联系会很小。在图像中局部像素之间的联系较为紧密，而距离较远的像素联系相对较弱，因此每个神经元没必要对图像全局进行感知，只需要感知局部信息，然后在更高层将局部信息综合起来即可得到全局信息。卷积操作就是局部感受野的实现，并且卷积操作因为能够实现权值共享，所以也减少了参数量。第三，受网络层数限制，网络越深其特征表达能力越强，但较深的全连接神经网络难以成功训练。

相比于全连接，CNN的优点主要体现在：局部连接、空间权值共享和下采样。卷积核在特征图（第一层叫作原始图像）进行滑动计算，即卷积核只对前一层的局部区域进行连接，而不像全连接层那样对每个元素都进行连接。在滑动的过程中，卷积核采用的权值是共享的，即在每层中滑动到任何一处都是采用的同一组卷积核。下采样可减小卷积层的尺寸，通过求局部平均来降低特征图的分辨率，并且降低了输出对平移和形变的敏感度。

卷积层是CNN中的核心和基础部分，网络中大部分的计算量也是在卷积层中产生的。卷积层由多个特征图组成，每个特征图中又包含多个神经元，每个神经元通过卷积核与上一层特征图的局部区域构成连接。将CNN中第l层的输入特征图表示为一个三维张量$x^l \in \boldsymbol{R}^{H^l \times W^l \times D^l}$，则可以用三元组$(i^l, j^l, d^l)$来表示第$i^l$行、第$j^l$列、第$d^l$通道处的神经元，其中，$0 \leqslant i^l \leqslant H^l$，$0 \leqslant j^l \leqslant W^l$，$0 \leqslant d^l \leqslant D^l$。经过第$l$层的处理后得到$x^{l+1}$，为了后续表示方便，将其记为$y = x^{l+1} \in \boldsymbol{R}^{H^{l+1} \times W^{l+1} \times D^{l+1}}$。为了便于说明卷积运算的过程，这里以单通道卷积核（$d^l = 1$）为例介绍二维场景的卷积操作。

假设CNN中第l层使用的是3×3的一个单通道卷积核，如图1-3所示，输入数据为 5×5 的矩阵。卷积步长设置为 1，即每做一次卷积之后，卷积核移动一个元素的位置。

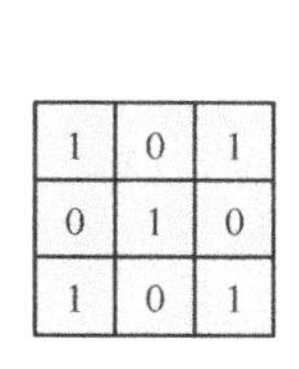

(a) 卷积核

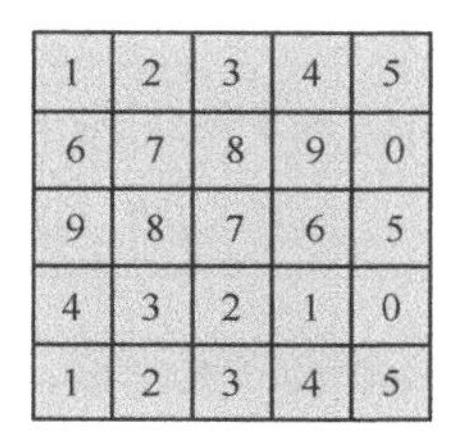

(b) 输入数据

图 1-3　二维场景下的输入数据与卷积核

第一次卷积操作从输入数据的(0,0)处元素开始，将卷积核中所有参数与对应位置的输入元素逐位相乘并求和的结果作为输出特征图(0,0)处的值，即完成计算 1×1+2×0+3×1+6×0+7×1+8×0+9×1+8×0+7×1=1+3+7+9+7=27，如图 1-4（a）所示。紧接着完成第二次卷积，卷积核向右进行步长为 1 的移动之后，进行同样的计算，整个过程如图 1-4（b）～（d）所示，卷积核的移动规则为从左至右、自上到下，最终输出大小为 3×3 的特征图，作为下一层操作的输入。

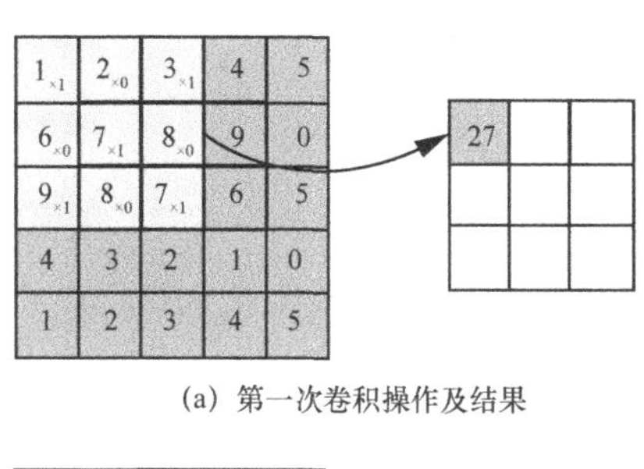

(a) 第一次卷积操作及结果

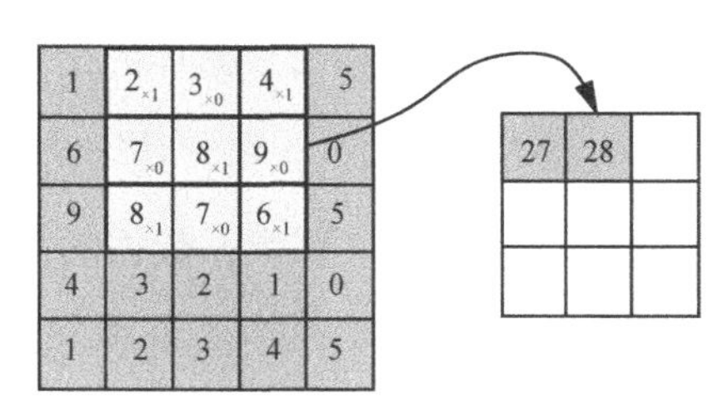

(b) 第二次卷积操作及结果

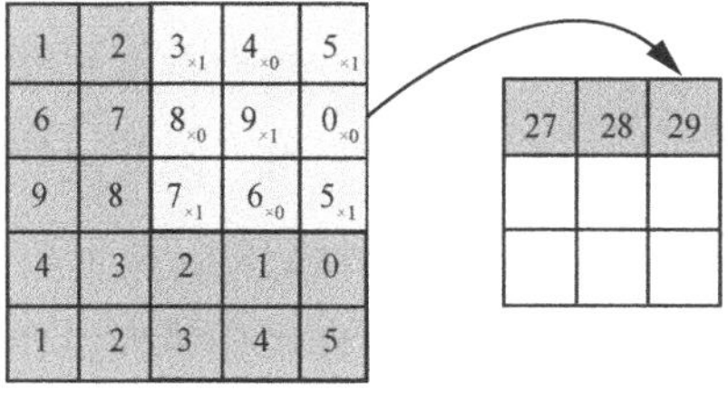

(c) 第三次卷积操作及结果

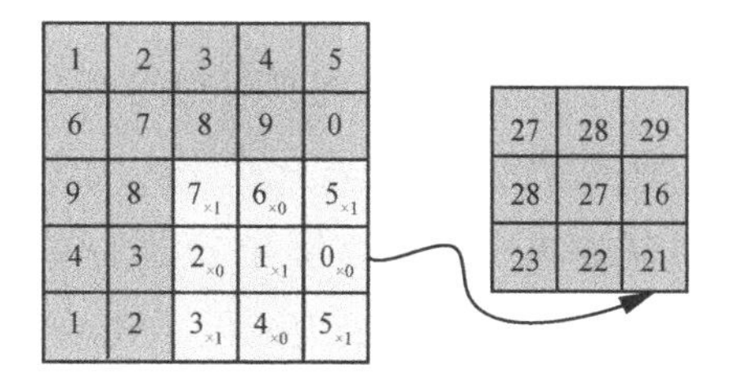

(d) 第九次卷积操作及结果

图 1-4　卷积过程示意图

在实际的操作中，输入一般为多通道数据（如 RGB 图像），某一层中使用的卷积核一般也不止一个。假设输入张量为 $x^l \in \boldsymbol{R}^{H^l \times W^l \times D^l}$，第 l 层共有 D 个卷积核，则输出为 $y = x^{l+1} \in \boldsymbol{R}^{H^{l+1} \times W^{l+1} \times D^{l+1}}$，其中 $D^{l+1} = D$，即卷积核的个数决定了该层的输出（第 $l+1$ 层的输入）特征图的通道数。形式化的卷积操作可表示为：

$$y_{i^{l+1}, j^{l+1}, d} = \sum_{i=0}^{H} \sum_{j=0}^{W} \sum_{d^l=0}^{D^l} f_{i,j,d^l,d} \times x^l_{i^{l+1}+i, j^{l+1}+j, d^l} \tag{1-14}$$

其中，(i^{l+1}, j^{l+1}) 为卷积结果的位置坐标，满足：

$$0 \leqslant i^{l+1} \leqslant H^l - H + 1 = H^{l+1} \tag{1-15}$$

$$0 \leqslant j^{l+1} \leqslant W^l - W + 1 = W^{l+1} \tag{1-16}$$

式（1-14）中的 $f_{i,j,d^l,d}$ 指从卷积层中学习到的权重，对于不同位置的所有输入，该权重都是相同的，这便是卷积层所谓的“权值共享”特性。

此外，卷积操作中有 3 个重要的超参数（Hyper Parameters）：卷积核大小、卷积步长（Stride）和零填充（Zero-Padding）数量。这三者和输入特征图的尺寸共同决定了输出特征图的尺寸。假设输入数据的空间形状是正方形，即高度和宽度相等，输入数据体尺寸为 W，卷积层中神经元的感受野尺寸为 F，步长为 S，零填充数量为 P，则输出数据体的空间尺寸如式（1-17）所示：

$$(W - F + 2P) / S + 1 \tag{1-17}$$

例如，假设输入（图像）数据的尺寸为 7×7，滤波器大小为 3×3，卷积步长为 1，零填充数量为 0，那么就能得到一个 5×5 的输出。如果步长为 2，输出特征图的尺寸就是 3×3。

池化层一般紧跟在卷积层之后，主要作用是再次提取重要信息，并通过降低特征图的空间分辨率获得具有空间不变性的特征。池化层中一般没有需要学习的参数，使用时仅需指定池化类型、池化核的大小和池化步长即可，因此池化操作也可以理解为一种实现固定功能的特殊卷积核。常用的池化操作有平均池化（Average Pooling）和最大池化（Max Pooling）两种。平均池化在每次操作时，将池化核覆盖区域中所有值的平均值作为池化结果，类似地，最大池化是指将池化核覆盖区域中所有值的最大值作为池化结果。将第 l 层的池化核表示为 $p^l \in \boldsymbol{R}^{H \times W \times D^l}$，则平均池化的数学表达为：

$$y_{i^{l+1},j^{l+1},d} = \frac{1}{HW}\sum\nolimits_{0\leqslant i<H,0\leqslant j<W} x^{l}_{i^{l+1}\times H+i,j^{l+1}\times W+j,d^{l}} \tag{1-18}$$

最大池化的数学表达为：

$$y_{i^{l+1},j^{l+1},d} = \max_{0\leqslant i<H,0\leqslant j<W} x^{l}_{i^{l+1}\times H+i,j^{l+1}\times W+j,d^{l}} \tag{1-19}$$

其中，$0\leqslant i^{l+1} < H^{l+1}$，$0\leqslant j^{l+1} < W^{l+1}$，$0\leqslant d < D^{l+1}$。

为了便于理解，图 1-5 给出了池化核大小为 2×2、步长为 1 的最大池化示意图。

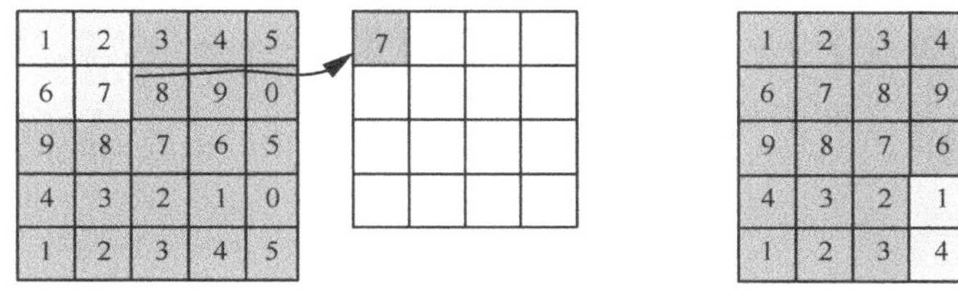

(a) 第一次池化及结果　(b) 第十六次池化及结果

图 1-5　最大池化示意图

池化实际上是一种“降采样”操作，这与人类视觉系统对视觉输入物体进行降维和抽象的原理是类似的。目前，研究者普遍认为池化层的作用主要体现在保持特征不变、对特征进行降维、减少参数量、防止过拟合等方面。

全连接层一般置于网络的最后，起到“分类器”的作用。原始数据通过卷积操作、激活函数和池化操作被映射到隐层特征空间，全连接层则将学习到的特征映射到样本的标记空间。在分类任务中，全连接层的输出值经过激活函数（一般采用 ReLU 激活函数）后，输入 Softmax 分类器中进行分类。一般的 CNN 训练过程中，在全连接层通过损失函数计算输出的损失，然后将损失反向传回网络，再利用梯度下降法更新网络参数。

假设第 l 层为卷积层，则第 l 层中第 j 个特征图的计算式如式（1-20）所示：

$$x^{l}_{j} = f\left(\sum_{i\in M_j} x^{l-1}_{i} * W^{l}_{ij} + b^{l}_{j}\right) \tag{1-20}$$

其中，x^{l-1}_{i} 为第 $l-1$ 层中的第 i 个特征图，w^{l}_{ij} 为第 $l-1$ 层的第 i 个特征图与第 l 层的第 j 个特征图之间的卷积核，$*$ 表示卷积操作，b^{l}_{j} 为第 $l-1$ 层的偏置，$f(\cdot)$ 为非线性的激活函数。经典的 BP 算法可以通过以下步骤完成。

步骤 1：通过 CNN 对输入图像进行前向传播计算，得到 $l_2, l_3, \cdots, l_{n_l}$ 的激活值。将式（1-20）重写为：

$$\left.\begin{aligned} z^l &= x^{l-1} * W^l + b^l \\ a^l &= f(z^l) \end{aligned}\right\} \tag{1-21}$$

其中，l 为当前层数，x 为特征图，W 为卷积核，b 为偏置，f 为激活函数。

步骤 2：对所有 l，初始化 $\Delta W^{(l)} = 0$，$\Delta b^{(l)} = 0$。

步骤 3：假设输入数据共分为 m 类，即通过网络计算得到一个 m 维数据，然后求得样本标签与输出结果之间的均方误差，最后得到第 n 个样本的代价函数 $J(W,b;x,y)$ 为：

$$J(W,b;x,y) = \frac{1}{2}\sum_{i=1}^{m}\left(t_i^n - y_i^n\right)^2 = \frac{1}{2}\left\|t^n - y^n\right\|_2^2 \tag{1-22}$$

其中，t_i^n 为第 n 个样本中第 i 个神经元所对应的期望值，y_i^n 为第 n 个样本中第 i 个神经元的输出结果。

为了求取单个样本的代价函数对参数的导数，引入灵敏度的概念，将灵敏度看作对偏置 b 的导数，然后通过这个灵敏度来求解对参数的导数。定义第 l 层的灵敏度为：

$$\delta^l = \frac{\partial J}{\partial z^l} \tag{1-23}$$

对于输出层 n_l，根据式（1-21）、式（1-22）可得到其灵敏度为：

$$\delta^{(n_l)} = -\left(y - a^{(n_l)}\right) f'\left(z^{(n_l)}\right) \tag{1-24}$$

对于 $l = n_l - 1, n_l - 2, \cdots, 2$ 的各层灵敏度为：

$$\delta^{(l)} = \left(\left(W^{(l)}\right)^{\mathrm{T}} \delta^{(l+1)}\right) f'\left(z^{(l)}\right) \tag{1-25}$$

然后对 $J(W,b;x,y)$ 求偏导，完成参数的更新，代价函数 $J(W,b;x,y)$ 对 $W^{(l)}$ 和 $b^{(l)}$ 的偏导计算式如下：

$$\left.\begin{aligned}\nabla W^{(l)}J(W,b;x,y)&=\frac{\partial J(W,b;x,y)}{\partial z_i^{l+1}}*\frac{\partial z_i^{l+1}}{\partial W_{ij}^{l}}=\delta^{(l+1)}(a^{(l)})^{\mathrm{T}}\\ \nabla b^{(l)}J(W,b;x,y)&=\frac{\partial J(W,b;x,y)}{\partial z_i^{l+1}}*\frac{\partial z_i^{l+1}}{\partial b_i^{l}}=\delta^{(l+1)}\end{aligned}\right\}\tag{1-26}$$

$$\left.\begin{aligned}\Delta W^{(l)}&=\Delta W^{(l)}+\nabla W^{(l)}J(W,b;x,y)\\ \Delta b^{(l)}&=\Delta b^{(l)}+\nabla b^{(l)}J(W,b;x,y)\end{aligned}\right\}\tag{1-27}$$

更新权重参数为：

$$\left.\begin{aligned}W^{(l)}&=W^{(l)}-\alpha\left[\left(\frac{1}{m}\Delta W^{(l)}\right)\right]\\ b^{(l)}&=b^{(l)}-\alpha\left[\frac{1}{m}b^{(l)}\right]\end{aligned}\right\}\tag{1-28}$$

其中，α 为学习率。

BP 算法流程如图 1-6 所示。

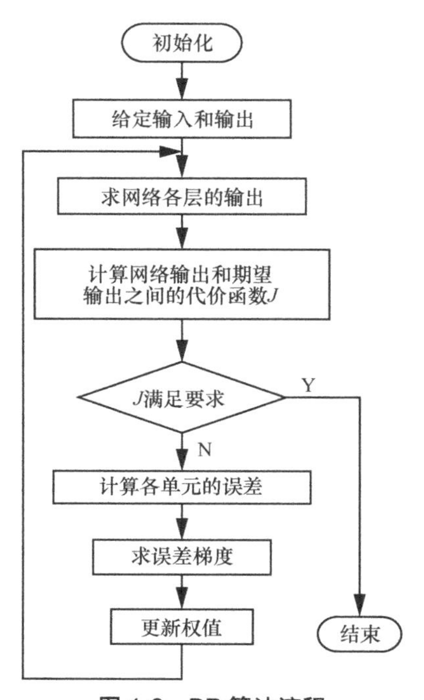

图 1-6　BP 算法流程

1.4.3 CNN 的其他组件

激活函数又被称为非线性映射函数，是 CNN 中不可或缺的一个关键模块，激活函数的广泛使用使得 CNN 等深度网络模型具有了更好的特征表示能力。激活函数接收一组输入信号，通过阈值限制来模拟神经元的激活和兴奋状态，并产生输出。当前深度神经网络中常用的激活函数主要有 Sigmoid 函数、tanh 函数、线性修正单元（Rectified Linear Unit，ReLU）、参数化 ReLU（PReLU）、指数化 ReLU（ELU）等。

Sigmoid 函数的数学表达式是$\sigma(x)=1/(1+\mathrm{e}^{-x})$。它输入实数值，并将其压缩至[0,1]，更具体地说，将很小的负数变成 0，将很大的正数变成 1。Sigmoid 函数曾经由于对神经元的激活频率有良好的解释而得到了广泛的使用，但现在已经很少使用了，这是因为在 Sigmoid 函数两端大于 5（或小于−5）的区域，函数值会被压缩到 1（或 0），带来梯度的“饱和效应”。求导之后，梯度很容易趋近于 0，造成“梯度消失”问题，神经元无法继续向前层传递误差，进而导致整个网络无法正常训练。此外，Sigmoid 函数值域的均值是非 0 的，这并不符合神经网络内数值的均值应为 0 的设想。

tanh 函数是在 Sigmoid 函数的基础上为了解决均值问题提出的激活函数，数学表达式为$\tanh(x)=2\sigma(2x)-1$，它将实数值压缩到[−1,1]，值域是 0 均值的。但是该函数也依然存在饱和问题。

ReLU 是近些年被广泛使用的一种激活函数，表达式为：

$$f(x)=\max(0,x)=\begin{cases}x, & x\geqslant 0\\0, & x<0\end{cases} \tag{1-29}$$

与前两个激活函数相比，ReLU 函数的梯度在$x\geqslant 0$时为 1，反之为 0；对$x\geqslant 0$的部分有效消除了 Sigmoid 函数的梯度饱和问题。在计算消耗上，相比前两个指数型的函数，ReLU 的计算消耗也更低。不过 ReLU 函数也有自身缺陷，即在$x<0$时，梯度为 0。也即对于小于 0 的这部分卷积结果来说，一旦变为负值将无法对网络训练产生影响。

为了解决上述问题，PReLU将ReLU函数中$x<0$的部分调整为$f(x)=\alpha x$，α是一个通过网络学习得到的数量级较小的超参数，依据链式法则进行更新。具体的推导和训练细节可以参见相关文献，相关的实验结果表明，将PReLU作为激活函数的网络要优于使用ReLU的网络。

ELU于2016年提出，表达式为：

$$\mathrm{ELU}(x)=\begin{cases}x, & x\geqslant 0\\ \alpha(\exp(x)-1), & x<0\end{cases} \tag{1-30}$$

ELU有效解决了ReLU函数存在的“死区”问题，不过其指数操作在运算中会略微增大计算量。

CNN和很多其他神经网络模型通常使用随机梯度下降法完成模型的训练和参数更新，网络性能与收敛得到的最优解直接相关，而收敛效果又很大程度上取决于网络参数的初始化质量。理想的网络参数初始化会使模型训练事半功倍，反之则不仅会影响网络收敛，甚至会导致“梯度弥散”等问题，致使训练失败。Xavier是当前应用比较广泛的一种初始化方法，它一般使用randn函数产生一个零均值和一定标准差的高斯分布随机数，同时需要通过除以输入数据量的平方根来调整其数值范围，将神经元输出的方差进行归一化，维持输入输出数据分布方差的一致性。

过拟合问题是指一种算法在训练集上表现优异，但在测试集上的结果却不尽如人意，这是机器学习领域经常遇见的问题之一。出现过拟合问题意味着模型的泛化能力偏弱，没有推广能力，进而导致模型或算法失去实用价值。正则化（Regularization）是机器学习中一种通过显式地控制模型复杂度来避免过拟合的技术，也是解决过拟合问题的最常用手段。许多浅层学习器，如支持向量机（Support Vector Machine，SVM）等，为了提高泛化性往往要依赖模型正则化，深度学习更是如此。相比浅层学习器，深度网络模型极高的模型复杂度是一把双刃剑，即在保证模型更强大的表示能力的同时，也使模型蕴藏着更大的过拟合风险。深度模型的正则化是整个深度模型搭建的最后一步，也是很重要的一步。下面介绍几种实践中常用的CNN正则化方法。

（1）l_2 正则化

l_2 正则化是机器学习模型中十分常见的正则化方法，基本原理是通过惩罚目标函数中所有参数的平方来约束模型的复杂度。假设待正则的网络层参数为 ω，l_2 正则化的形式为：

$$l_2 = \frac{1}{2}\lambda\|\omega\|_2^2 \tag{1-31}$$

其中，λ 是正则化强度，用于控制正则项的大小，较大的 λ 取值会更大程度地约束模型复杂度。l_2 正则化可以直观理解为它对大数值的权重会进行严厉惩罚，倾向于更加分散的权重向量。

（2）l_1 正则化

与 l_2 正则化相似，对于待正则的网络层参数 ω，l_1 正则化为：

$$l_1 = \lambda\|\omega\|_1 = \sum_i |\omega_i| \tag{1-32}$$

l_1 正则化除了同 l_2 正则化一样能约束参数量级外，还能起到稀疏参数的作用，使优化后的参数一部分为 0，另一部分为非零实值。此外，l_1 正则化和 l_2 正则化也可以联合使用，表示为：

$$\lambda_1\|\omega\|_1 + \lambda_2\|\omega\|_2^2 \tag{1-33}$$

（3）随机失活

随机失活（Dropout）是目前绝大部分配置了全连接层的深度 CNN 在使用的一种正则化方法。随机失活在约束网络复杂度的同时，还是一种针对深度模型的高效集成学习（Ensemble Learning）方法，其在一定程度上缓解了神经元之间复杂的协同适应性，降低了神经元间的依赖，可以尽量避免网络过拟合。Dropout 基本原理比较简单：对于某层的每个神经元，在训练阶段均以概率 p 随机将该神经元权重置 0，因此被称作“随机”失活。测试阶段所有神经元均呈激活态，但其权重需乘以$(1-p)$以保证训练和测试阶段各自权重拥有相同的期望。

1.5　计算机视觉简介

计算机视觉是一门研究如何使机器感知世界的学科，它利用摄像机和电脑来模拟人眼和人的大脑对拍摄的图片进行自动化的检测、识别和跟踪的过程，属于人工智能的范畴。按照任务等级，计算机视觉可以划分成底层、中层和高层的任务。底层任务是指对图片的像素进行操作，包括滤波、复原重建、超分辨和风格迁移等；中层任务是在像素基础上提取各种特征；高层任务是指模拟大脑对图片进行检测和识别等。

在国际计算机视觉挑战赛（ILSVRC）举办的前两年，各种手工设计的特征配合编码以及 SVM 等算法占据了前几名。2012 年是计算机视觉的新起点，Alex Krizhevsky 提出 AlexNet 之后，深度学习（尤其是 CNN）被广泛地应用于计算机视觉领域的各项任务。

计算机视觉之所以发展得这么快，与其应用领域广泛是分不开的，包括智能安防、自动驾驶、移动互联网、智能医疗和遥感图像解译等。公开的数据集可用于训练计算机视觉算法，为衡量算法性能提供了统一的标准，也促进了计算机视觉的快速发展。自然场景图像的分类数据集 ImageNet、检测数据集 PASCAL VOC 和 MS COCO 是经常使用的 3 个数据集。

ImageNet 是斯坦福大学李飞飞主导建立的大型数据集，主要有分类、检测、定位和分割等任务。ImageNet 有 1400 多万幅图片，包括 20000 多个类别，数据集大小约为 1TB，其中超过 100 万张图片有明确的类别标注和物体位置的标注。ILSVRC 是一项重要的计算机视觉任务的竞赛，每年都会得到工业界和学术界的广泛参与，现有的深度学习模型大多是在这个数据集上训练和测试的。

PASCAL VOC 和 MS COCO 是通用目标检测和分割领域里经常用到的两个数据集。PASCAL VOC 有 20 类目标的位置及类比标签，其对早期检测工作起到了重要的推动作用。MS COCO 是微软提供的包含常见的 80 类物体的数据集，2014 年发布的数据训练集有 8 万张图片，验证集有 4 万张图片，测试集有 4 万张图片，在数据集上可以进行检测、分割和关键点定位等任务，相比于 PASCAL VOC，该数据集中目标的尺寸更小、难度更大。

由于在自然场景图像的分类数据集 ImageNet 上预训练得到的模型参数相比于初始化更好，目前检测任务基本上是加载这些预训练的参数，并在检测数据集（例如 PASCAL VOC）上进行微调的。

计算机视觉常见任务包括图像分类、目标检测、图像分割、图像目标跟踪、姿态估计、行人重识别、人脸识别和图像超分辨重建等。随着 CNN 的发展，不同的任务采用的算法思路趋向统一，即计算机视觉的各项任务均可以通过 CNN 提取特征，每项任务仅需要设计好具体任务采用的前端即可，在一定程度上深度学习时代的计算机视觉算法可以纳入一个模型，这也是本书集中讲解这些计算机视觉任务的目的。

参考文献

[1] MCLACHLAN G, PEEL D. Finite mixture models[M]. Hoboken: John Wiley & Sons, Inc., 2000.

[2] FIGUEIREDO M A T, JAIN A K. Unsupervised learning of finite mixture models[J]. IEEE Transactions on Pattern Analysis and Machine Intelligence, 2002, 24(3): 381-396.

[3] MANTERO P, MOSER G, SERPICO S B. Partially supervised classification of remote sensing images through SVM-based probability density estimation[J]. IEEE Transactions on Geoscience and Remote Sensing, 2005, 43(3): 559-570.

[4] RUSSAKOVSKY O, DENG J, SU H, et al. ImageNet large scale visual recognition challenge[J]. International Journal of Computer Vision, 2015, 115(3): 211-252.

[5] EVERINGHAM M, ALI ESLAMI S M, VAN GOOL L, et al. The pascal visual object classes challenge: a retrospective[J]. International Journal of Computer Vision, 2015, 111(1): 98-136.

[6] LIN T Y, MAIRE M, BELONGIE S, et al. Microsoft COCO: common objects in context[M]//Computer Vision – ECCV 2014. Cham: Springer, 2014: 740-755.

[7] 唐振韬, 邵坤, 赵冬斌, 等. 深度强化学习进展: 从AlphaGo到AlphaGo Zero[J]. 控制理论与应用, 2017, 34(12): 1529-1546.

[8] JIA Y Q, SHELHAMER E, DONAHUE J, et al. Caffe: convolutional architecture for fast feature embedding[C]//Proceedings of the 22nd ACM International Conference on Multimedia. New York: ACM Press, 2014: 675-678.

[9] ABADI M, AGARWAL A, BARHAM P, et al. TensorFlow: large-scale machine learning on

heterogeneous distributed systems[J]. arXiv preprint, 2016, arXiv:1603.04467v2.

[10] YANG H J, FRITZSCHE M, BARTZ C, et al. BMXNet: an open-source binary neural network implementation based on MXNet[J]. arXiv preprint, 2017, arXiv: 1705.09864.

[11] DING C X, TAO D C. A comprehensive survey on pose-invariant face recognition[J]. ACM Transactions on Intelligent Systems & Technology, 2016, 7(3): 37.

[12] RUBLEE E, RABAUD V, KONOLIGE K, et al. ORB: an efficient alternative to SIFT or SURF[C]//Proceedings of 2011 International Conference on Computer Vision. Piscataway: IEEE Press, 2011: 2564-2571.

[13] LOWE D G. Distinctive image features from scale-invariant keypoints[J]. International Journal of Computer Vision, 2004, 60(2): 91-110.

[14] DALAL N, TRIGGS B. Histograms of oriented gradients for human detection[C]// Proceedings of 2005 IEEE Computer Society Conference on Computer Vision and Pattern Recognition. Piscataway: IEEE Press, 2005: 886-893.

[15] PLATT J C. Fast training of support vector machines using sequential minimal optimization, advances in kernel methods[J]. Support Vector Learning, 1999.

[16] LECUN Y, BOSER B, DENKER J S, et al. Backpropagation applied to handwritten zip code recognition[J]. Neural Computation, 1989, 1(4): 541-551.

[17] KRIZHEVSKY A, SUTSKEVER I, HINTON G E. ImageNet classification with deep convolutional neural networks[J]. Communications of the ACM, 2017, 60(6): 84-90.

[18] LECUN Y, BENGIO Y, HINTON G. Deep learning[J]. Nature, 2015, 521(7553): 436-444.

第 2 章

基于深度学习的图像分类算法

图像分类是研究广泛的一项计算机视觉应用，自从计算机视觉进入了深度学习时代后，图像分类算法从传统的特征设计变成了当下的卷积神经网络结构设计。为了提高分类精度，研究人员和工程技术人员会花费较大的精力在卷积神经网络结构设计上。本章重点介绍卷积神经网络结构的演化路径，即它是如何一步步地提高准确率和计算效率，进而成为其他各项计算机视觉算法性能提升的关键的。

2.1 图像分类——从特征设计到卷积神经网络结构设计

图像分类（也叫识别）一般是指将裁剪好的固定尺寸的图像（一般图像里只包含一个目标）经过一系列计算（卷积）得到代表目标类别的一串数字，进而完成目标类别判定的整个过程。它是计算机视觉领域的核心任务之一。

传统基于学习的识别方法主要包括以下步骤：训练样本的创建、预处理、特征提取、特征选择和分类器设计。预处理是指对输入的图片做一些尺寸裁剪和归一化操作，减少对识别性能的影响。特征提取是指提取出能够区分不同类别目标的特征值，可以使用的特征包括颜色特征、纹理特征、形状特征和空间特征等，Haar、SIFT（Scale-Invariant Feature Transform）、LBP（Local Binary Patterns）、HOG（Histogram of Oriented Gradient）、SURF（Speed Up Robust Feature）和 ORB（Oriented FAST and Rotated BRIEF）是一些常用的特征。之后用提取到的特征值训练分类器，实现对不同目标的区分。在机器学习方法中，大量的工作用于设计特征，好的特征具有变换（尺度和平移等）不变性、类内聚集性和类间区分性。

2012 年之前绝大部分的算法是浅层的、非深度学习的，其在数据集 ImageNet 上的 Top-5 错误率（Top-5 错误率是指预测的结果中前五个类别不包含真实类别的概率，之所以是前五个，是因为 ImageNet 的图片较大，单个图片会存在多个目标）为 25.8%，且每年分类性能的提升非常有限。2012 年第一个基于 CNN 的分类模型 AlexNet 的出现使错误率大大降低（从 25.8%降到了 16.4%），展现出了 CNN 在图像分类领域较大的优势。

自 AlexNet 在分类数据集 ImageNet 上获得优良性能之后，图像分类领域大多采用卷积神经网络进行处理，传统的多阶段识别流程也变成了单阶段的端到端的分类流程。这种端到端的学习范式让整个学习的流程并不进行人为的子问题划分，而是完全由深度学习模型直接学习从原始数据到期望输出的映射。端到端的训练起到了协同增效的效果，它使分类任务变得极其简单，研究人员只需准备好数据，然后交给 CNN 和计算机，它就可以自己学习到最好的特征，而不需要专门设计特征。同时，端到端的训练一改多阶段训练中每个阶段优化目标不一致的问题，能尽可能地通过统一的训练找到全局最优解，不仅提高了模型精度，也降低了工程的复杂度。

基于 CNN 的图像分类算法的预测过程如图 2-1 所示，输入图片经过 CNN 得到特征，特征通过多层感知器或者全局平均池化得到预测值，然后经过 Sigmoid 函数或 Softmax 函数得到图片属于各个类别的概率，概率最高的类别即最终的预测结果。

图 2-1　基于 CNN 的图像分类算法的预测过程

基于 CNN 的图像分类算法的训练过程如图 2-2 所示。输入图片经过 CNN 得到特征，经过 Softmax 函数得到各个类别的概率后，与标签（通过类别标注生成的一维独热向量）一起计算交叉熵损失，然后损失通过反向传播求得梯度，采用梯度下降法更新 CNN 模型参数，重复多个过程（多个周期，一个周期代表整个训练集完整训练一遍），直至模型收敛（指模型参数或训练损失达到稳定状态）或者完成训练循环的次数。

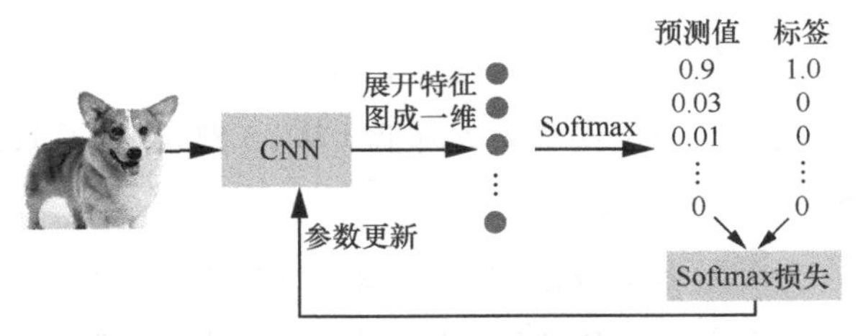

图 2-2 基于 CNN 的图像分类算法的训练过程

为了提高训练效率，CNN 一般会输入多张图片形成一个批量，将这些图片一起输入网络计算损失之后再统一更新参数。在一定程度下，批量越大越好，但是需要考虑到 GPU 显存能否一次性存储这么多图片，能否存储其产生的特征以及训练过程产生的中间变量。

从 2012 年 AlexNet 出现之后，计算机视觉领域的研究方向从特征设计和分类器设计逐渐变成了 CNN 的结构设计。自此之后，深度学习成为图像分类领域首选的方法，且性能仍在不断地提升。CNN 也成为大部分计算机视觉任务性能提升的关键，例如图像分类、目标检测、图像分割、图像目标跟踪、姿态估计、行人重识别、人脸识别和图像超分辨重建等。

2.2 卷积神经网络结构演化

从 LeNet 开启卷积神经网络时代开始，到 AlexNet 将其发扬光大，再到卷积神经网络的加深、加宽、增加不同卷积方式（空洞卷积、深度卷积、可变卷积、分组卷积等）、增加注意力机制以及采用神经架构搜索（Neural Architecture Search，NAS）等，卷积神经网络一直向着轻量和高效的方向发展。

2.2.1 从 LeNet 到 VGG

LeNet 是 Yann LeCun 于 1989 年提出的，并被应用到了美国邮政手写字识别中，但是由于当时数据量和计算能力的限制，没有得到进一步的发展。不过 LeNet 是第一个真正意义上的 CNN，此网络的特点是局部连接、空间权值共享和下采样（池化），并通过反向传播算法进行优化，后续提出的各种 CNN 都是以它为基础发展起来的。

网络输入的是灰度图像，尺寸为 32×32，通道数为 1，第一个卷积层有 6 个卷积核，每个卷积核的尺寸为 5×5，通道数为 1，得到的特征图尺寸为 28×28，通道数为卷积核的个数（6 个），参数为（5×5+1）×6=156 个。紧接着是一个尺寸为 2×2 的下采样层，通过平均池化实现。下一层是个 Sigmoid 激活函数。

第二个卷积层（第三层）有 16 个卷积核，尺寸为 5×5，每个卷积核通道数为上一层的通道个数（6 个），得到的特征图的尺寸为 10×10，通道数为 16，经过 2×2 的下采样层，得到的特征图尺寸为 10×10×16，之后是一个尺寸为 2×2 的下采样层，通过平均池化实现。下一层是个 Sigmoid 激活函数。

第三个卷积层（第五层）有 120 个卷积核，尺寸为 5×5，输出特征图为 120 维的向量，后面是全连接层。

LeNet 是第一个 CNN，但是这个模型在后来的一段时间并未得到大量的使用和研究，主要原因有：①当时 GPU 性能较差，且没有支持并行计算的类库，计算能力低；②SVM 等传统机器学习算法也能达到类似的效果，甚至效果更好。直到 2012 年 AlexNet 出现，人们才开始将注意力集中到 YannLeCun 的这篇论文上。

AlexNet 是第一个成功训练的深度卷积神经网络，它主要包括 ReLU、dropout 和 CUDA。由于单个显卡内存的限制，将图像放在了两块 GPU 上进行训练。网络需要 6 天的时间在两张显存大小为 3GB 的 GPU GTX 580 上训练。实验表明，如果有更快的 GPU 和更大的数据集，分类精度会更高。

AlexNet 在测试数据集上获得了 37.5%的 Top-1 错误率和 17.0%的 Top-5 错误率。

AlexNet 包含 8 个带有权值的层，前 5 个是卷积层，后 3 个是全连接层，最后一个全连接层的输出送入 1000 路的 Softmax 层，产生 1000 类目标的概率分布结果。网络最大化了多项式逻辑回归目标，这相当于最大化了预测分布下正确标签的对数概率在训练样本上的平均值。

网络分为上下两个完全相同的分支，这两个分支在第三个卷积层和全连接层上可以相互交换信息。第一个卷积层使用 96 个尺寸为 11×11×3、步长为 4 个像素的卷积核对 224×224×3 的图片进行处理，得到的特征图尺寸为 55×55×96。之后进行响应归一化和尺寸操作。第二个卷积层使用 256 个尺寸为 5×5×48 的卷积核对 55×55×96 的特征图进行处理，得到的特征图尺寸为 37×37×256。后面的网络结构同理。

相比传统的 CNN，AlexNet 主要有以下改动。第一，其通过数据增强，大大降低了模型的过拟合风险，提升了泛化能力；第二，使用 dropout 随机失活部分神经元，进一步防止了过拟合；第三，用 ReLU 激活函数代替传统的 tanh 或者 Sigmoid，不仅让计算变得更简单，同时在层数比较深时，能够解决 Sigmoid 梯度消失和梯度爆炸的问题；第四，利用临近的数据做归一化，加速模型收敛，不过后续的 CNN 大多使用了更好的归一化方法；第五，使用了池化区域为 3×3、步长为 2 的重叠池化，此种池化方法比传统的池化区域为 2×2、步长为 2 的非重叠池化方法效果好；第六，使用 2 张 NVIDIA GTX 580 GPU 进行神经计算加速，可以减少显存占用，以便在一次参数更新时放更多的图片加入训练。

虽然 AlexNet 只有 8 层，但此模型在当时需要一个星期才能训练出来，且当时其他研究人员发现复现较难。不过因为其在 ImageNet 上的卓越性能，所以引起了学术界和工业界的广泛关注，并一举奠定了深度学习复兴的基础。

VGGNet 是牛津大学的视觉几何组于 2014 年提出的更深的 CNN 模型，其 Top-5 错误率为 7.3%。VGGNet 的创新点是全部使用 3×3 的小型卷积核和 2×2 的最大池化层。用两个 3×3 的卷积代替 5×5 的卷积，感受野不变，而参数量得到了减少；用 3 个 3×3 的卷积代替 7×7 的卷积，在保持感受野不变的前提下，使参数量得到了减少。通过简单的堆叠多个 3×3 卷积核和单个池化，形成深层的卷积神经网络，提高了网络的表征能力。同时，验证了不断加深的网络可以提升分类性能，为后面分类网络的发展奠定了基础。

2.2.2 Inception 系列

在 Inception 出现之前，大部分 CNN 仅仅把卷积层堆叠得越来越多，使网络越来越深，以此希望能够得到更好的性能。VGGNet 虽然能通过不断堆叠小卷积层来提高分类性能，但是其最大的问题是参数数量过大。Inception 没有像 VGGNet 那样大量使用全连接网络，因此参数量非常小。

GoogLeNet（Inception v1）是谷歌公司 Inception 系列的第一个版本，在 2014 年的 ImageNet 大规模视觉识别挑战中的分类和检测任务得到了最好的成绩，Top-5 错误率为 6.7%，优于第二名 VGGNet。这种体系结构的主要特点是提高了网络内计算资源的利用率。这是通过精心设计的，该设计允许在保持计算代价不变的同时增加网络的深度和宽度。

GoogLeNet 将 1×1、3×3、5×5 的卷积和 3×3 的池化并行堆叠在一起，一方面增加了网络的宽度，另一方面提高了网络对尺度的适应性。它有 22 层，且全部都是卷积层，没有全连接层，减少了参数量（参数量比 AlexNet 少了 92%左右），Top-5 错误率为 6.7%。

Inception v2 提出了批量标准化（Batch Normalization，BN）操作。BN 作为近年来深度学习领域的重要成果，其有效性和重要性已经被广泛证明。

自 2014 年以来，非常深的 CNN 开始成为主流，其能够得到很好的性能，但计算量和参数量的增加是需要重点解决的问题。Inception v3 在扩大 CNN 模型的同时，通过适当的分解卷积和正则化尽可能有效地利用增加的计算量。Inception v4 将 Inception 模块与残差连接相结合，得到 Inception-ResNet v2 网络，同时还设计了一个更深、更优化的 Inception v4 模型。

2.2.3 ResNet 系列

ResNet 是 2015 年何恺明在微软亚洲研究院提出的更深的 CNN 模型，也叫作残差学习，如图 2-3 所示。残差 $F(x)$ 可以表示为：

$$F(x) = H(x) - x \tag{2-1}$$

其中，x 是进入残差单元之前的特征图，$F(x)$ 是经过两层卷积层之后学习到的特征图，$H(x)$ 是二者相加之后的结果，图 2-3 中的加号代表逐元素相加。

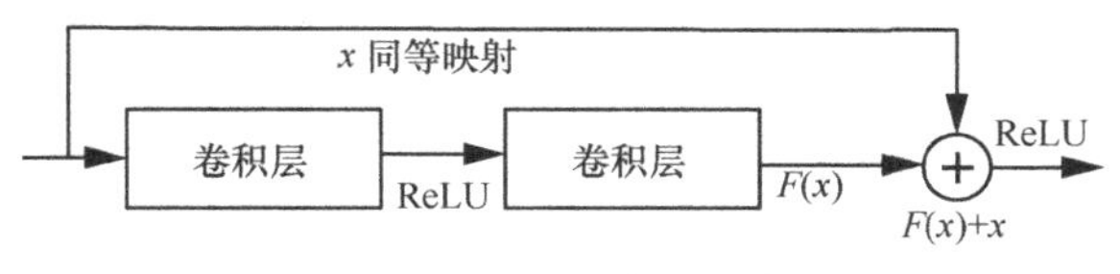

图 2-3　残差单元结构

何恺明发现，在对 CNN 继续加深的时候，准确率不仅不能进一步提升，反而会降低。例如在数据集 CIFAR-10 上，56 层的 CNN 的训练误差要比 20 层的大。这是因为梯度在后向传播过程中逐渐减小，这就是梯度消失现象。为了解决这个问题，研究者借鉴了高速网络的跨层连接思想，并对残差网络进行改进，提出恒等映射（Identity Mapping），将梯度直接回传，取得了很好的效果。这种残差跳跃式的结构解决了普通 CNN 深度过大导致分类精度降低的问题，同时 ResNet 是第一个层数超过 100 的 CNN。

其首次提出了 152 层的残差网络，比 VGGNet 深 8 倍但仍具有较低的复杂度，它在 ImageNet 测试集上取得了 3.57%的错误率，在 ILSVRC 2015 分类任务上得了第一名。它还实现了极深的残差网络的成功训练（100 层和 1000 层）。提出的残差网络也同样适用于其他计算机视觉任务，它在 COCO 目标检测数据集上得到了 28%的相对提高，也赢得了 ImageNet 检测任务、ImageNet 定位任务、COCO 数据集检测和 COCO 数据集分割任务的第一名。

相比于 ResNet-34（如图 2-4（a）所示），ResNet-50/101/152 具备更深的瓶颈结构，对于每个残差函数，它使用 3 层堆叠（如图 2-4（b）所示），3 层分别是 1×1、3×3 和 1×1 卷积，其中 1×1 层负责减小然后增加（恢复）维度，导致 3×3 层成为具有较小输入/输出维度的瓶颈。

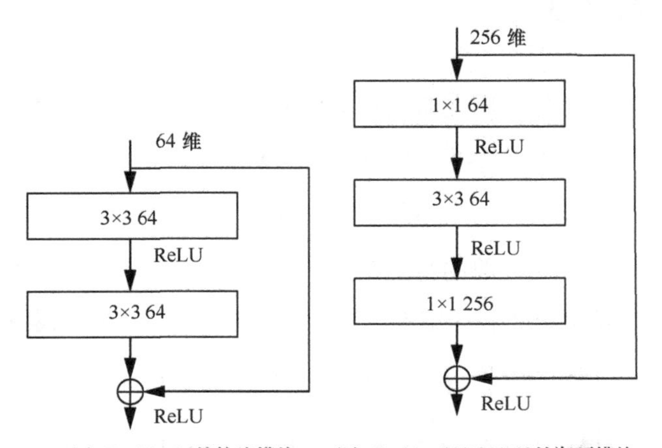

图 2-4　ResNet-34 和 ResNet-50/101/152 对比

ResNeXt 为图像分类提供了一个简单、高度模块化的网络架构，同时提出了一个新的维度，该维度被称为基数（Cardinality），是除了深度和宽度之外的一个基本因素。实验证明，即使在保持复杂性的限制条件下，增加基数也能够提高分类精度，同时还可以减少超参数的数量，如图 2-5 所示。

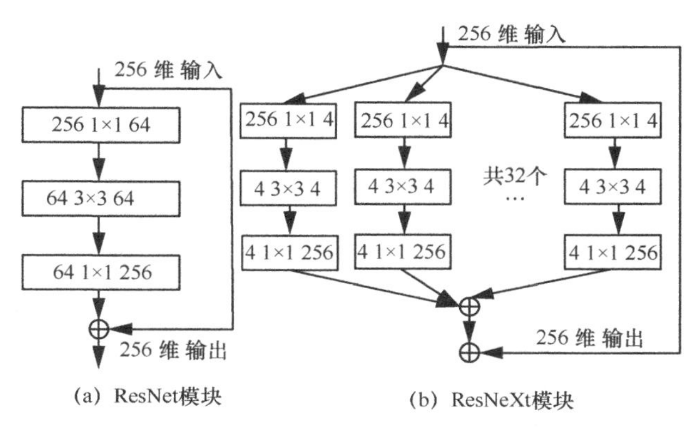

图 2-5　ResNet 模块和 ResNeXt 模块

ResNeXt 证明了增加基数比增加深度和宽度更有效果，在提高准确率的同时，基本不改变或可降低模型的复杂度。101 层的 ResNeXt 网络的准确度与 200 层的 ResNet 相似，但计算量只有后者的一半。

ResNeXt 引入的基数实际上也是分组的概念，不同的组之间是不同的子空间，能让网络学到更多样化的表示，同时降低了每个子网络的复杂度，相比 ResNet 也降低了过拟合风险。

2.2.4 DenseNet 系列

DenseNet 是 CVPR2017 最佳论文提出的模型，作者是康奈尔大学的黄高。DenseNet 是为了进一步解决随着层数增加梯度信号逐渐消失的问题而提出的，通过在卷积神经网络层与层之间引入密集连接，在分类数据集上证明其所需内存与计算量最少，且精度有所最高。

DenseNet 优点表现为：第一，通过密集连接，每层都可直接获取梯度值和输入信号，达到强监督的目的，缓解了梯度消失现象，提升了信息和梯度的流动性，从而使网络更容易训练；第二，提升了特征再利用性能，增强了特征传递性能，前面的特征图可直接输入当前层进行聚合；第三，降低了参数量，虽然 DenseNet 的连接数多而密集，其参数量却比传统卷积神经网络要少。

图像 x_0 输入卷积网络，卷积网络包含了 L 层，每层使用一个非线性变换 $H_l()$，这里的 l 表示层的序号。$H_l()$ 是一个复合函数，包括 BN、ReLU、池化或卷积等。用 x_l 表示第 l 层的输出。

传统的卷积网络把第 l 层的输出输入第 $l+1$ 层，可以用式（2-2）进行表达：

$$x_l = H_l(x_{l-1}) \tag{2-2}$$

ResNet 在非线性变换旁路增加了同等映射的跳跃连接：

$$x_l = H_l(x_{l-1}) + x_{l-1} \tag{2-3}$$

ResNet 的优点是梯度可以直接通过同等函数从后层流动到前层（这里的同等函数是通过逐元素相加实现的），这会阻碍信息在网络里的流动。

DenseNet 将任何一层与后面的所有层进行直接连接，即第 l 层将所有前面层 $x_0,\cdots,x_{l-1}$ 的特征图作为输入：

$$x_l = H_l([x_0, x_1, \cdots, x_{l-1}]) \tag{2-4}$$

其中，$[x_0, x_1, \cdots, x_{l-1}]$ 表示第 0 层到第 $l-1$ 层产生的特征图。因为这种密集连接的缘故，所以将 DenseNet 叫作密集网络。

H_l 被定义为一个复合函数，它由三部分连续的操作组成：BN、ReLU 和一个 3×3 的卷积操作。

如果每个 H_l 函数产生 k 个特征图，那么第 l 层的输入特征图总数为：$k_0 + k \times (l-1)$，其中 k_0 表示输入层的通道数。DenseNet 和现有网络结构的一个重要区别是 DenseNet 具有很窄的层，例如 $k=12$，把超参数 k 称为网络的增长率。实验表明，一个较小的增长率就可以获得相对好的效果。

尽管每一层仅产生 k 个特征图，但它通常情况下拥有更多的输入。在每个 3×3 卷积前引入 1×1 卷积作为瓶颈层可以减少输入特征图的数量，从而提高计算效率。这种设计对于 DenseNet 而言非常有效。

DenseNet 中的转变层（Transition Layer）放在两个密集单元中间，是因为每个密集单元结束后的输出通道个数很多，需要用 1×1 的卷积核来降维。

如果一个密集块包含 m 个特征图，让其后的过渡层产生 $\lfloor \theta m \rfloor$ 个输出特征图，其中 $0<\theta\leqslant 1$ 被称为压缩因子，当 $\theta=1$ 时，通过过渡层的特征图数量不变，在实验中设置 $\theta=0.5$。当瓶颈和变换层的 $\theta<1$ 时，称其为 DenseNet-BC。

在 DenseNet 的基础上，黄高又提出了 CondensNet。相比于 DenseNet，CondensNet 计算效率高，参数量少。密集连接虽然有利于网络中的特征复用，但是其导致聚合之后的特征图数据量较大，容易占满显存。CondensNet 通过可学习的分组卷积操作移除多余的特征复用连接，在训练时通过剪枝来达到降低显存占用、提高训练速度的目的。

虽然 ResNet 和 DenseNet 等网络极大地提高了图像分类的准确率，但在一些终端或对实时性要求比较高的场合仍使用 CNN。普通的 CNN 可能会因为需要大量算力而导致效率很低，因此一些轻量级的 CNN 被先后提出，如 SqueezeNet、ShuffleNet 和 MobileNet 等。这些网络在保证准确率的基础上，其速度也得到了较大的提高。

2.2.5 SqueezeNet 系列

在此之前的 CNN 的研究内容主要集中在提高准确率上，但是更小的 CNN 结构可以在计算和存储受限的移动设备上运行。一般来说，提高运算速度有两个方向：减少可学习参数的数量和减少整个网络的计算量。

SqueezeNet 实现了与 AlexNet 相同的正确率，但是只使用了 1/50 的参数，最大限度地提高了运算速度；更进一步使用了模型压缩技术，将 SqueezeNet 压缩到 0.5MB，是 AlexNet 的 1/510。

SqueezeNet 的工作分为以下几个方面：提出了新的网络架构 Fire 模块，通过减少参数来进行模型压缩；将 3×3 的卷积核替换为 1×1 的卷积核；减少 3×3 卷积的输入特征图数量；在网络后期进行下采样，使卷积层具有较大的激活特征图。

SqueezeNext 得到了比 MobileNet 更好的准确率，同时减少了 77%的参数，还避免了使用逐深度可分离卷积。SqueezeNext 有 3 个特点：第一，用双阶段挤压操作来实现通道的大量减少；第二，用可分离 3×3 卷积进一步减小模型尺寸，在挤压模块之后去掉额外的 1×1 分支；第三，用类似于 ResNet 的逐元素相加，使 SqueezeNext 可以训练更深的网络而不会出现梯度消失的问题。从参数量上看，SqueezeNext1.0 网络比原始的 SqueezeNet 更少，精度更高，SqueezeNext2.0 比 MobileNet 的参数更少，精度略有提升。

2.2.6 ShuffleNet 系列

提高识别性能的趋势是构建深而大的卷积神经网络。最准确的 CNN 通常有上百层、上千个通道，因此需要很大的计算量。ShuffleNet 从另一方面进行了创新，在有限的计算资源下实现最高的准确率。

ShuffleNet v1 是由北京旷视科技有限公司在 2017 年年底提出的轻量级、可用于移动设备的卷积神经网络。它采用了一个计算高效的结构，这是专门为手机等计算力有限的移动终端设备而设计的。新的结构利用逐点分组卷积和通道重排（Channel Shuffle），极大地减小了计算量，同时保证了准确率。ImageNet 分类实验的结果显示，ShuffleNet 比 MobileNet 有更低的错误率（Top-1 错误率为 7.8%），在手机设备的 ARM 芯片上比 AlexNet 快 13 倍。

逐点卷积（Pointwise Convolution）的出现（如 Xception）虽然降低了参数量，但存在着计算效率低的问题，因为大量的 1×1 卷积会耗费很多计算资源，ShuffleNet 采用了逐点分组卷积（Pointwise Group Convolution）的方法来降低计算量，但是组与组之间没有任何联系，这会影响网络的性能，于是又采用通道重排来加强不同组之间的联系。

由于增加了逐点分组卷积和通道重排，ShuffleNet 的单元计算更加高效，与 ResNet（瓶颈设计）和 ResNeXt 相比，ShuffleNet 计算复杂度最小，例如考虑输入尺寸为 $c \times h \times w$，瓶颈通道为 m，ResNet 单元需要 $h \times w \times (2 \times c \times m + 9 \times m \times m)$FLOPs，ResNeXt 单元需要 $h \times w \times (2 \times c \times m + 9m \times m/g)$FLOPs，但是 ShuffleNet 单元只需要 $h \times w \times (2c \times m/g + 9 \times m)$FLOPs，其中，$g$ 表示卷积的组数。

目前衡量模型复杂度的一个通用指标是 FLOPs，但是这是一个间接指标，因为它不完全等同于速度，相同 FLOPs 的两个模型，其速度会存在差异。造成间接（FLOPs）和直接（速度）度量之间差异的原因主要有两个。第一，很多其他影响速度的重要因素没有被 FLOPs 考虑，例如内存使用量（Memory Access Cost，MAC）和并行度。一些操作会导致很大的计算时间，比如分组卷积，对于 GPU 这种计算能力强大的设备，它有时会成为瓶颈。另一个因素是并行度，在相同 FLOPs 的条件下，具有高并行度的模型比低并行度的模型有更快的速度。第二，具有同样 FLOPs 的操作在不同平台可能会有不同的运行时间（例如 GPU 和 ARM）。张量分解常被用于加速矩阵相乘，这种操作虽然降低了 FLOPs，但是计算的速度变慢了；最新的 CUDNN 库特别为 3×3 卷积进行了优化，不能想当然地认为 3×3 卷积比 1×1 卷积的计算量多 9 倍。

基于以上观察，有研究人员指出在进行 CNN 结构设计时有如下两个因素是必须要考虑的：第一，采用直接度量标准（速度），而不是间接度量标准（FLOPs）；第二，度量需要在目标平台上进行。

他们结合理论与实验得到了 4 条实用的指导原则：原则 1，输入特征和输出特征的通道数相同可最小化内存访问量；原则 2，过量使用分组卷积会增加 MAC；原则 3，网络碎片化会降低并行度；原则 4，不能忽略元素级操作。根据上述指导原则，他们设计了 ShuffleNet v2，它在速度和精度上做到了很好的权衡。

2.2.7 MobileNet 系列

Inception 将特征图分别交给 1×1、3×3、5×5 的卷积和 3×3 的池化并行处理，Xception 将上述思想做到了极致，将特征图每个通道分别进行卷积。

Xception 不是模型压缩技术，而是轻量级 CNN 结构设计的一种策略。Xception 将标准的卷积分成两部分：逐深度可分离卷积（Depthwise Separable Convolution）和逐点卷积。逐深度可分离卷积是 Inception 的一种极限的形式，因此被称为 Xception，在数据集 ImageNet 上，其性能比 Inception v3 要好。

Xception 的假设是：跨通道的相关性和空间相关性是完全可分离的。逐深度可分离卷积包含一个深度方面的卷积（一个为每个通道单独执行的空间卷积），后面跟着一个逐点卷积（一个跨通道的 1×1 卷积）。可以将其看作首先求一个跨 2D 空间的相关性，然后再求跨一个 1D 空间的相关性。

常规卷积将输入通道看作整体，Inception 则将通道分成 3~4 份，并分别进行

1×1 的卷积操作，而 Xception 则在每一个通道都进行 1×1 的卷积，即所谓的逐深度可分离卷积。

Xception 的参数量与 Inception v3 相当，在 ImageNet 分类数据集上准确率有一定的提升。Inception v3 的 Top-1 准确率和 Top-5 准确率分别是 78.2%和 94.1%，Xception 的 Top-1 准确率和 Top-5 准确率分别是 79.0%和 94.5%。

MobileNet v1 在 2017 年由谷歌提出，采用类似于 Xception 的深度可分离卷积，将标准卷积分解成二维的卷积和一维的卷积，有效地减少了计算量和模型参数量，构造出轻量级的网络，适用于移动和嵌入式视觉方面。与 Xception 不同的是，MobileNet 是用逐深度可分离卷积对特征图进行压缩和提速的，参数量明显减少，速度得到了明显提升。

输入的特征映射 F 尺寸为 (D_F, D_F, M)，采用的标准卷积 K 为 (D_K, D_K, M, N)，输出的特征映射 G 尺寸为 (D_G, D_G, N)，标准卷积的计算量为：$D_K D_K MND_F D_F$，可将标准卷积 (D_K, D_K, M, N) 拆分为深度卷积和逐点卷积。深度卷积尺寸为 $(D_K, D_K, 1, M)$，输出特征为 (D_G, D_G, M)。

逐深度卷积是将 $N×H×W×C$ 的输入分为 C 组，然后每一组做 3×3 卷积，这样相当于收集了每个通道的空间特征，即深度特征。逐点卷积是指对 $N×H×W×C$ 的输入做 k 个普通的 1×1 卷积，这样做相当于收集了每个点的特征，即点级特征。

MobileNet v1 的结构较简单，多为简单的堆叠。可分离卷积虽降低了计算量，但是可分离卷积部分的卷积核不易训练。

MobileNet v2 是 2018 年由谷歌提出的，该模型在保持准确率的同时，减少了计算量和内存使用。其特点有 3 个：反向残差、线型瓶颈和逐深度卷积。ResNet 的瓶颈层是沙漏形的，两边宽中间窄，MobileNet v2 的是纺锤形，中间大两边小。这是因为 MobileNet v2 先用 1×1 的卷积升高通道个数，再进行 3×3 逐深度卷积时可以减小计算量，中间通道数虽然多，但是逐深度的卷积计算量不大，因此 MobileNet v2 采用的是反向残差模块。MobileNet v2 还去掉了瓶颈层的最后一个 ReLU，实验证明分类效果更好。MobileNet v2 模型紧凑，计算量小，分类性能较好，在检测和分割任务中表现出了较好的性能。

MobileNet v3 是在 MobileNetv2 上进行改进的，探索自动化网络搜索和人工设计如何协同互补。它首先使用 MnasNet（一种自动移动神经体系结构搜索方法）进行粗略结构的搜索，然后使用强化学习从一组离散的选择中选择最优配置，之后再使用 NetAdapt（适用于移动应用程序的平台感知型算法）对体系结构进行微调。

2.3 神经架构搜索

前面提到的 CNN 结构基本上是人工凭借经验进行设计的，这些网络不一定是最优的。近期，神经架构搜索（NAS）研究领域日渐活跃。它包括搜索空间、搜索策略和性能评价策略 3 个步骤。它可以采用搜索策略，在搜索空间内自动找到最优的 CNN 结构。搜索空间定义了优化问题的变量，网络结构和超参数的变量定义有所不同，不同的变量规模对于算法的难度来说也不尽相同。搜索策略定义了使用怎样的算法可以快速、准确地找到最优的网络结构参数配置。常见的搜索方法包括：随机搜索、贝叶斯优化、进化算法、强化学习和基于梯度的算法。

2.4 CNN 的计算量与参数计算方法

一般情况下卷积层的特点是计算量大、参数量小，全连接层则相反，参数量大、计算量小。这个准则可以用于粗略地比较两个 CNN 的计算量和参数量大小。例如，VGGNet 后面 3 个全连接层的存在导致参数量非常大，GoogLeNet 去掉了全连接层，使得参数量小，但是计算量二者相反。但事实上，二者没有必然关系，参数量减小不一定代表计算量也减小，因为这还涉及数据的读取速度、深度学习框架是否支持某些特殊操作等。

参数数量用 params 表示，它关系到模型大小，单位通常为兆（M），参数一般用 32 位浮点数表示，因此通常模型大小是参数数量的 4 倍。

理论计算量通常只考虑乘加操作的数量，而且只考虑卷积和全连接层等参数层的计算量，忽略 BN 和激活等。理论计算量通常和实测速度不一致，主要是因为理论计算量太过理论化，没有考虑不同硬件的 I/O 速度和计算力差异，以及部署框架优化水平和程度的差异。不同框架优化的关注点也不一样，同一框架对不同层的优化程度也不一样。

对于一个卷积层，假设其大小为 $h \times w \times c \times n$，其中 c 为输入通道数，n 为输出通道数，输出的特征图尺寸为 $H \times W$，则该卷积层的参数量：

$$\#\text{params} = n \times (h \times w \times c + 1) \quad (2\text{-}5)$$

$$\#\text{FLOPs} = H \times W \times n \times (h \times w \times c + 1) \quad (2\text{-}6)$$

即 $\#\text{FLOPs} = H \times W \times n \times \#\text{params}$ 。

2.5 小结

随着以 CNN 为代表的深度学习在计算机视觉领域大放异彩，图像分类任务的核心已经从特征设计变成 CNN 结构设计。以上讲解的 CNN 基本上囊括了 CNN 结构设计思想的演化路径。除了上述提到的具有代表性的 CNN 之外，近些年还有很多的 CNN 在这里没进行介绍。需要说明的是，到底哪一种设计是最有效的，某种 CNN 效果最好背后的本质原因到底是什么，不同的研究人员会有不同的解释，目前还没有盖棺定论。

CNN 结构设计的未来是 NAS，NAS 的计算量已经得到了大幅降低，得到的 CNN 的计算量和参数量都较少。不过需要重点关注的是，设计的 CNN 在硬件设备上是否适用（需要综合考虑是否支持某些操作、数据吞吐量是否会增加）。

需要重点考虑的是在硬件设备上部署这些 CNN，尤其涉及 CNN 结构设计、模型的量化与压缩以及 AI 硬件是否支持 CNN 中某些操作等，相信随着人力、物力和财力的持续投入，这一点会得到解决。

图像分类任务在计算机视觉中属于最核心的任务，但是在实际应用场景中，其单独出现的机会较少，它更多的是作为其他任务（检测、分割、跟踪、姿态估计、行人重识别、人脸识别和图像超分辨重建等）的子任务。因此本书后面重点对其他计算机视觉任务进行讲解。

参考文献

[1] LECUN Y, BENGIO Y, HINTON G. Deep learning[J]. Nature, 2015, 521(7553): 436-444.

[2] RUSSAKOVSKY O, DENG J, SU H, et al. ImageNet large scale visual recognition challenge[J]. International Journal of Computer Vision, 2015, 115(3): 211-252.

[3] EVERINGHAM M, ALI ESLAMI S M, VAN GOOL L, et al. The pascal visual object classes challenge: a retrospective[J]. International Journal of Computer Vision, 2015, 111(1): 98-136.

[4] LIN T Y, MAIRE M, BELONGIE S, et al. Microsoft COCO: common objects in context[M]//Computer Vision – ECCV 2014. Cham: Springer, 2014: 740-755.

[5] LECUN Y, BOSER B, DENKER J S, et al. Backpropagation applied to handwritten zip code recognition[J]. Neural Computation, 1989, 1(4): 541-551.

[6] SIMONYAN K, ZISSERMAN A. Very deep convolutional networks for large-scale image recognition[C]//Proceedings of International Conference on Learning Representations 2015. [S.l.:s.n.], 2015.

[7] SZEGEDY C, LIU W, JIA Y Q, et al. Going deeper with convolutions[C]//Proceedings of 2015 IEEE Conference on Computer Vision and Pattern Recognition. Piscataway: IEEE Press, 2015: 1-9.

[8] IOFFE S, SZEGEDY C. Batch normalization: accelerating deep network training by reducing internal covariate shift[J]. arXiv preprint, 2015, arXiv:1502.03167.

[9] SZEGEDY C, VANHOUCKE V, IOFFE S, et al. Rethinking the inception architecture for computer vision[C]//Proceedings of 2016 IEEE Conference on Computer Vision and Pattern Recognition. Piscataway: IEEE Press, 2016: 2818-2826.

[10] SZEGEDY C, IOFFE S, VANHOUCKE V. Inception-v4, inception-ResNet and the impact of residual connections on learning[J]. arXiv preprint, 2016, arXiv:1602.07261v2.

[11] HE K M, ZHANG X Y, REN S Q, et al. Deep residual learning for image recognition[C]//Proceedings of 2016 IEEE Conference on Computer Vision and Pattern Recognition. Piscataway: IEEE Press, 2016: 770-778.

[12] VEIT A, WILBER M, BELONGIE S. Residual networks behave like ensembles of relatively shallow networks[J]. arXiv preprint, 2016, arXiv: 1605.06431.

[13] ABDI M, NAHAVANDI S. Multi-residual networks[J]. arXiv preprint, 2016, arXiv: 1609.05672v2.

[14] ABDI M, NAHAVANDI S. Multi-residual networks: improving the speed and accuracy of

residual networks[J]. arXiv preprint, 2016, arXiv: 1609.05672.

[15] HE K M, ZHANG X Y, REN S Q, et al. Identity mappings in deep residual networks[M]//Computer Vision-ECCV 2016. Cham: Springer, 2016: 630-645.

[16] LIAO Q L, POGGIO T. Bridging the gaps between residual learning, recurrent neural networks and visual cortex[J]. arXiv preprint, 2016, arXiv:1609.05672v2.

[17] ZAGORUYKO S, KOMODAKIS N. Wide residual networks[J]. arXiv preprint, 2016, arXiv: 1605.07146v4.

[18] TARG S, ALMEIDA D, LYMAN K. Resnet in resnet: generalizing residual architectures[J]. arXiv preprint, 2016, arXiv: 1603.08029.

[19] WANG F, JIANG M Q, QIAN C, et al. Residual attention network for image classification[C]//Proceedings of 2017 IEEE Conference on Computer Vision and Pattern Recognition. Piscataway: IEEE Press, 2017: 6450-6458.

[20] YU F, KOLTUN V, FUNKHOUSER T. Dilated residual networks[C]//Proceedings of 2017 IEEE Conference on Computer Vision and Pattern Recognition. Piscataway: IEEE Press, 2017: 636-644.

[21] HAN D, KIM J, KIM J. Deep pyramidal residual networks[C]//Proceedings of 2017 IEEE Conference on Computer Vision and Pattern Recognition. Piscataway: IEEE Press, 2017: 6307-6315.

[22] XIE S N, GIRSHICK R, DOLLÁR P, et al. Aggregated residual transformations for deep neural networks[C]//Proceedings of 2017 IEEE Conference on Computer Vision and Pattern Recognition. Piscataway: IEEE Press, 2017: 5987-5995.

[23] CHOLLET F. Xception: deep learning with depthwise separable convolutions[C]//Proceedings of 2017 IEEE Conference on Computer Vision and Pattern Recognition. Piscataway: IEEE Press, 2017: 1800-1807.

[24] HOWARD A G, ZHU M L, CHEN B, et al. MobileNets: efficient convolutional neural networks for mobile vision applications[J]. arXiv preprint, 2017, arXiv: 1704.04861.

[25] SANDLER M, HOWARD A, ZHU M L, et al. MobileNetV2: inverted residuals and linear bottlenecks[J]. arXiv preprint, 2018, arXiv: 1801.04381.

[26] HU J, SHEN L, SUN G. Squeeze-and-excitation networks[C]//Proceedings of 2018 IEEE/CVF Conference on Computer Vision and Pattern Recognition. Piscataway: IEEE Press, 2018: 7132-7141.

[27] HUANG G, LIU Z, VAN DER MAATEN L, et al. Densely connected convolutional networks[C]//Proceedings of 2017 IEEE Conference on Computer Vision and Pattern Recognition. Piscataway: IEEE Press, 2017: 2261-2269.

[28] HUANG G, CHEN D L, LI T H, et al. Multi-scale dense convolutional networks for efficient prediction[J]. arXiv preprint, 2017, arXiv:1703.09844v1.

[29] HUANG G, LIU S C, MAATEN L V D, et al. CondenseNet: an efficient DenseNet using learned group convolutions[C]//Proceedings of 2018 IEEE/CVF Conference on Computer Vision and Pattern Recognition. Piscataway: IEEE Press, 2018: 2752-2761.

[30] ZEILER M D, FERGUS R. Visualizing and understanding convolutional networks[M]//Computer Vision – ECCV 2014. Cham: Springer, 2014: 818-833.

[31] IANDOLA F N, HAN S, MOSKEWICZ M W, et al. SqueezeNet: AlexNet-level accuracy with 50x fewer parameters and <0.5MB model size[J]. arXiv preprint, 2016, arXiv:1602.07360.

[32] LIN M, CHEN Q, YAN S C. Network in network[J]. arXiv preprint, 2013, arXiv:1312.4400.

[33] SRIVASTAVA R K, GREFF K, SCHMIDHUBER J. Highway networks[J]. arXiv preprint, 2015, arXiv:1505.00387.

[34] WANG M, LIU B Y, FOROOSH H. Factorized convolutional neural networks[C]//Proceedings of 2017 IEEE International Conference on Computer Vision Workshops. Piscataway: IEEE Press, 2017: 545-553.

[35] ZHANG X Y, ZHOU X Y, LIN M X, et al. ShuffleNet: an extremely efficient convolutional neural network for mobile devices[C]//Proceedings of 2018 IEEE/CVF Conference on Computer Vision and Pattern Recognition. Piscataway: IEEE Press, 2018: 6848-6856.

[36] MA N N, ZHANG X Y, ZHENG H T, et al. ShuffleNet V2: practical guidelines for efficient CNN architecture design[M]//Computer Vision-ECCV 2018. Cham: Springer, 2018: 122-138.

[37] ZHANG T, QI G J, XIAO B, et al. Interleaved group convolutions[C]//Proceedings of 2017 IEEE International Conference on Computer Vision. Piscataway: IEEE Press, 2017: 4383-4392.

[38] JIA Y Q, SHELHAMER E, DONAHUE J, et al. Caffe: convolutional architecture for fast feature embedding[C]//Proceedings of the 22nd ACM International Conference on Multimedia. New York: ACM Press, 2014: 675-678.

[39] ERGUN H, SERT M. Fusing deep convolutional networks for large scale visual concept classification[C]//Proceedings of 2016 IEEE 2nd International Conference on Multimedia Big Data. Piscataway: IEEE Press, 2016: 210-213.

[40] LEE C Y, XIE S, GALLAGHER P, et al. Deeply supervised nets[J]. arXiv preprint, 2014, arXiv:1409.5185v2.

第3章 基于深度学习的目标检测算法

目标检测是计算机视觉领域实用性最强的算法，因此它得到了广泛的研究，涌现了大量的成果。相比于其他算法，目标检测算法难度是较大的，因为它涉及目标定位和分类两个子任务，需要多次往返于候选区域识别和候选区域位置调整两个过程。本章首先指出了目标检测算法已经从传统的特征设计变成了目前的基于深度学习的算法这一事实，重点对双阶段检测算法、单阶段检测算法、从头训练的检测算法、检测算法的级联设计、多尺度目标检测、检测任务种的不平衡处理策略、不需要锚框的检测算法、检测算法的骨干网络设计以及检测算法的其他应用进行了讲解。本章起到了承上启下的作用，因为图像分类是目标检测的基础，目标检测的思想广泛用于后几项计算机视觉任务之中。

3.1 目标检测——从特征设计到深度学习

3.1.1 任务简介

目标检测是计算机视觉领域最活跃的研究方向，这是因为它在计算机视觉任务中起到承上启下的作用。目标检测的基础是识别和定位，同时也是实例分割、关键点定位、行人重识别、跟踪等其他算法的基础。目标检测在自动驾驶（精确地检测车身周围的人、车辆、路牌等信息，实时报警等）、智能安防（视频监控）、人脸识别、无人超市以及各种手机娱乐 App 等方面有广泛的应用。在军事上对海量图像情报进行自动处理、对星载或机载图像情报进行实时处理也需要这项技术。

由于各类物体有不同的外观、形状和姿态，加上成像时光照与遮挡等因素的干扰，目标检测一直是计算机视觉领域最具有挑战性的问题。除了上述所有检测任务都面临的挑战外，不同的应用场景下，目标检测会存在不同的问题。例如，虽然人脸检测技术很成熟，但是对于小尺寸的目标不能保证较好的效果（小尺寸目标经过 CNN 的多次下采样会丢失很多信息）；遥感图像目标检测存在图像尺寸大、物体旋转、尺度变化大和目标密集的问题。除此之外，检测系统的实时性与稳定性要求也提出了一定的挑战。

根据出现时间，可以将目标检测算法分成两大类，即传统的目标检测算法和基于深度学习的目标检测算法。传统的目标检测算法有 VJ 检测算法、HOG 特征检测算法和可变形部件模型（Deformable Part-Based Model，DPM）算法，以及它们的诸多改进算法。检测算法会通过滑动窗口或者候选区域生成算法生成一系列候选窗口，每个区域都被送入特征提取器和分类器，判断是否含有目标。这类算法存在的问题是特征表达能力较弱，特征提取器和分类器不能联合优化。2012 年 AlexNet 出现之后，基于深度学习的目标检测算法迎来了发展的高潮。

从应用领域的角度，可以将目标检测算法分成特定目标检测算法和通用目标检测算法两类，最开始的检测算法都是针对特定目标进行的，例如人脸和行人。随着算法的进步和数据集的出现，研究重点放在了对多种目标进行检测（如 PASCAL VOC 有 20 类目标，MS COCO 有 80 类目标）。

3.1.2　传统的目标检测算法

传统的目标检测算法基本流程如下：①使用不同尺度的滑动窗口选定图像的某一区域为候选区域窗口。因为滑动窗口效率太低，所以出现了很多启发式算法，它们通过对图像进行简单的处理，生成少量的可能包含目标的候选区域，如选择性搜索（Selective Search）、Edgebox 和 BING 等。②对候选区域进行特征提取。早期的特征是基于手工设计的，常用的特征有 Harr、HOG、LBP 和 ACF 等。③采用 SVM 等分类算法对对应的候选区域进行分类，判断是否属于待检测的目标。特征提取和分类器设计是目标检测算法性能好坏的关键。下面依次简要介绍 3 个比较经典的检测算法。

（1）Viola-Jones 人脸检测算法

该算法在 17 年前有限的计算条件下首次实现了对人脸的实时检测，其速度是同期检测算法的几十甚至上百倍，它采用滑动窗口的检测方法，即通过图像中所有可能的位置和比例，查看是否有窗口包含人脸。

（2）HOG 检测算法

HOG 可以看作对时间尺度不变特征变换（Scale-Invariant Feature Transform，SIFT）和形状上下文特征的改进。为了平衡特征不变性（包括平移、缩放、照明等）和非线性（识别不同的物体类别），HOG 在均匀间隔的密集网格上进行计算，并使用重叠的局部对比度归一化来提高精度。为了检测不同大小的物体，HOG 检测算法在保持检测窗口大小不变的同时，多次重新调整输入的图像。HOG 检测算法长期以来一直是许多目标检测算法和计算机视觉应用的重要基础。

（3）可变形部件模型（DPM）

该算法遵循“分而治之”的检测原理，即可以简单地将训练看作学习一种适当的分解物体的方法，将推理看作对物体不同部分的检测的集合。例如，检测“汽车”的问题可以视为对车窗、车身和车轮的检测的集合。典型的 DPM 检测算法由一个根过滤器和多个部件过滤器组成。与手动指定部件过滤器的配置（如尺寸和位置）不同， DPM 中开发了一种弱监督学习方法，该方法可以自动将部件过滤器的所有配置作为潜在变量进行学习。DPM 还应用了难负样本挖掘、边框回归和上下文信息等重要技术来提高检测精度。该算法实现了级联结构，在不牺牲任何精度的情况下实现了 10 倍以上的加速。虽然现在的目标检测器在检测精度上已经远远超过了 DPM，但许多检测算法仍深受其影响。

但是自从 2012 年 AlexNet 以及 2013 年 R-CNN 出现，上述传统方法走到了尽头，基于深度学习的检测方法展现出了非常大的优势，其以前所未有的速度得到了快速的发展，各种好的算法层出不穷。

3.1.3 基于深度学习的目标检测方法

基于深度学习的目标检测算法演化路径可以简单概括为：滑动窗口+CNN 分类（如 OverFeat）、启发式算法生成候选窗口+CNN 分类（如 R-CNN、SPP-Net 和 Fast R-CNN）、基于锚框的深度学习检测算法（如单阶段的 YOLO、SSD 和双阶段的 Faster R-CNN）、不需要锚框的深度学习检测算法（如 CenterNet 和 CornerNet 等）。

目前，基于深度学习的目标检测算法可分为单阶段检测算法和双阶段检测算法两类，如图 3-1 所示。单阶段检测算法在原图上设置一定数量的锚点框（锚框），利用一个 CNN，对这些锚点框进行一次分类和一次回归，得到检测结果，比较经典的单阶段检测算法有 YOLO、SSD、RetinaNet 和 CornerNet。双阶段检测算法在原图上铺设一系列锚点框（锚框），利用一个网络，对这些锚点框进行两次分类和两次回归，得到检测结果，比较经典的双阶段检测算法有 Faster R-CNN、R-FCN、特征金字塔（Featurized Image Pyramid，FPN）、Cascade R-CNN 等。

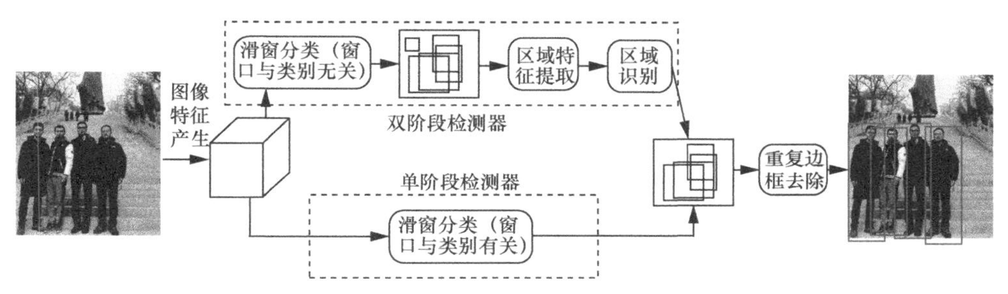

图 3-1　单阶段检测算法和双阶段检测算法

3.2　目标检测的重要概念

3.2.1　交并比和非极大值抑制

交并比（Intersection over Union，IoU）是用于衡量两个边框之间的相似性的参数，其等于两个边框相交的面积除以其相并的面积，如图 3-2 所示。

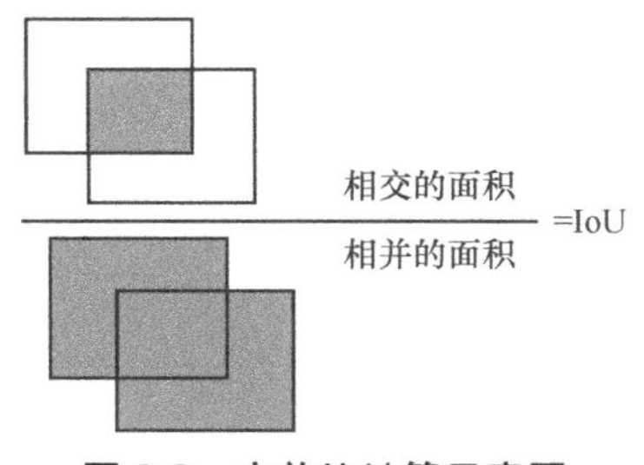

图 3-2　交并比计算示意图

交并比在目标检测任务上使用广泛，用于选择训练检测算法的正样本和负样本。与真实边框的交并比较大的候选窗口可以被认为是正样本，较小的是负样本。确定完正负样本之后才能对检测算法中的分类模块进行训练。

非极大值抑制（Non-Maximum Suppression，NMS）对目标检测输出的重复边框进行过滤。首先，NMS 先获得生成的边框的类别得分，并计算边框面积，然后根据得分的高低进行排序。从得分最高的开始，计算其余的边框与当前得分最高的边框之间的交并比，将交并比大于门限的边框过滤掉。以上过程每次只处理一个类别，对于 PASCAL VOC 这种 20 类目标的数据集，需要重复此过程 20 次。

3.2.2 难负样本挖掘

难负样本首先是负样本，其次是难样本，即在对负样本分类时损失比较大（预测与标签相差较大）的那些样本，也可以说是容易被看成正样本的那些负样本。难负样本挖掘就是多找一些难负样本加入负样本集进行训练，这样比由简单负样本组成的负样本集效果更好，如图 3-3 所示。

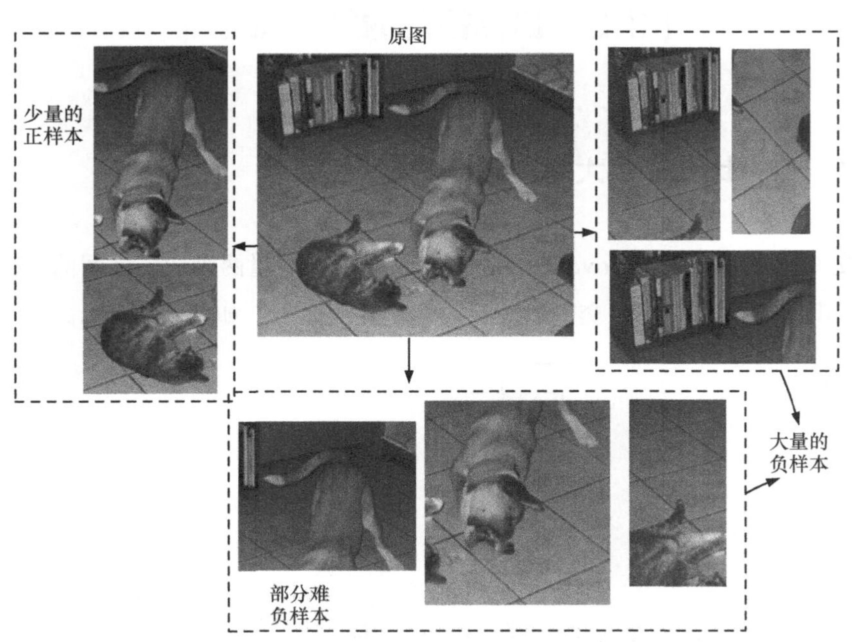

图 3-3　原图生成的候选框部分重点正样本、负样本和难负样本示例

经过锚框匹配步骤后，大多数候选框是负样本，特别是当候选框数量较大时，因此正样本和负样本在训练时是显著不平衡的。如果用所有的这些负样本进行训练，会使正负样本之间不均衡（负样本太多），可行的解决方式是加入一些难负样本进行训练。一般使用置信度对候选框进行排序，并选择损失较大的一些样本（容易分类出错的负样本，即所谓的难负样本，这类样本对于模型训练很重要，影响着模型收敛的方向），同时使负样本和正样本的比例为 3:1，从而获得更快的优化速度和更稳定的训练效果。

3.2.3 边框回归

边框回归也叫边框位置调整，最早是在 R-CNN 里提出的，之后成为目标检测算法的标配。

如图 3-4 所示，灰色框是目标的真实边框，黑色框是模型生成的边框，此时模型还会输出对黑色框的预测类别。但是由于黑色框对目标的定位不准确，在最终生成预测窗口时，其与灰色框的 IoU 判定小于门限边框而被忽略，无法检测到目标。而通过边框回归实现的微调可以使候选框尽量接近真实边框。

图 3-4　边框回归示例

一个边框可以用 4 个参数表示 (x, y, w, h)，分别代表边框的中心点坐标、边框宽度和边框高度。图 3-5 中边框 P 表示模型生成的候选框，边框 G 表示真实边框，边框 $\hat{\text{G}}$ 表示微调之后的预测边框。边框回归的目的是，给定候

选窗口 (P_x,P_y,P_w,P_h)，寻找一种映射使得 $f(P_x,P_y,P_w,P_h)=(\hat{G}_x,\hat{G}_y,\hat{G}_w,\hat{G}_h)\approx(G_x,G_y,G_w,G_h)$。

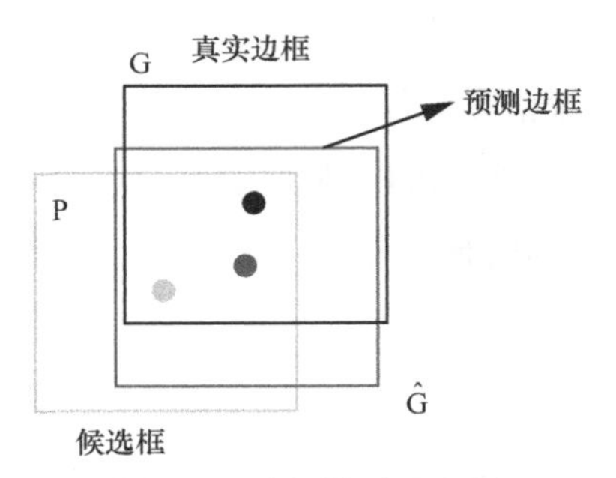

图 3-5　边框模型示意图

可通过线性回归的方式来拟合这种映射，前提是候选窗口与真实边框比较接近，否则不满足线性关系，而随着模型逐渐收敛，这种线性关系一直能得到满足。线性回归可以描述成：$\boldsymbol{Y}\approx\boldsymbol{W}\boldsymbol{X}$，$\boldsymbol{X}$ 是输入的特征向量，$\boldsymbol{W}$ 是要学习的参数。

3.2.4　检测任务中的数据增广

数据增广（Data Augmentation）可以增加数据集的数量和多样性，从而提升算法的最终效果。常用的数据增广包括翻转、旋转、裁切、缩放和镜像等。考虑到实现的方便性，目前比较常见的一般是随机对图像进行翻转，网络允许的话，也会加入一些随机缩放。Faster R-CNN 用原始图像及其水平翻转图像进行训练；SSD 主要采用的技术有水平翻转、随机裁剪加颜色扭曲，通过上述增广后，SSD 的 mAP 可提升 8.8%。

3.2.5　先验框/默认边框/锚框

先验框（Prior Box）也叫默认边框（Default Box）和锚框（Anchor Box），有时也可称为候选框。目标检测算法一般不会把整个输入图像作为一个先验框，而是像 Faster R-CNN 和 SSD 那样，特征图的每个特征点都会按照不同的尺寸和长宽比来生成不同的先验框，达到覆盖不同目标的目的。

可以训练多个边框回归器，而不是将输入区域作为唯一的先验框，每个边框回归器有不同的先验框，并学习预测自己的先验框与真实框之间的偏移量。这样，具有不同先验框的回归器可以学习预测具有不同属性（纵横比、比例、位置）的边框。先验框可以相对输入区域预先定义，或者通过聚类来学习。一个合适的边框匹配策略是使训练收敛的关键。

3.2.6　锚框与真实边框的匹配策略

在进行训练之前，需要确定生成的候选框是正样本还是负样本，还需要确定哪些候选框属于哪个真实边框，并将它们按一定的比例进行训练。锚框匹配就是将产生的锚框与输入图片的真实边框（一般人工标注的真实值用真实边框表示）进行关联，一般通过 IoU 来评价相似性，相似性高时，锚框就负责这个物体的边框，匹配得上的是正样本，匹配不上的是负样本。

Faster R-CNN 在进行匹配时，与真实边框的重叠比例最大的那个锚框会被看成正样本。其他的锚框，若其与某个真实边框的重叠比例大于 0.7，则记为正样本；若其与任一真实边框的重叠比例都小于 0.3，则记为负样本。剩下的和跨越图像边界的锚框不参与训练。

YOLO 算法中真实边框的中心落在哪个单元格，该单元格中与其 IoU 最大的边界框就负责预测它。SSD 首先将每个与真实边框具有最高 IoU 的候选框进行匹配，这可保证每个真实边框一定与某个候选框匹配。通常称与真实边框匹配的候选框为正样本，若一个候选框没有与任何真实边框进行匹配，那么该候选框就是负样本。将候选框与高于 IoU 阈值的真实边框进行匹配，一个真实边框可能与多个候选框匹配。

小尺寸目标由于个数少，且像素小，与其匹配不上的锚框较少，这导致小尺寸目标特别容易漏检。

3.2.7　感受野

感受野被定义为输入空间中某个特定 CNN 特征正在观察的区域（即受影响

的区域），如图 3-6 所示。

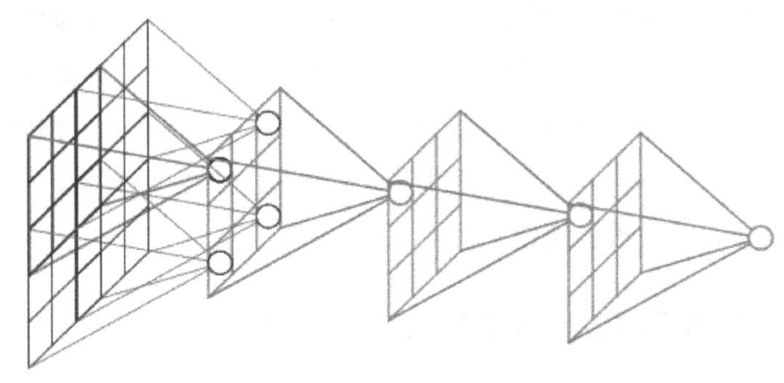

图 3-6　感受野示意图

在计算感受野的大小时，采用从上到下的方式，即先计算最深层在前一层上的感受野，然后逐渐传递到第一层，使用的计算式如下：

$$\mathrm{RF} = ((\mathrm{RF}-1)\times \mathrm{stride}) + f_{\mathrm{size}} \tag{3-1}$$

其中，RF 为待计算的特征图上的感受野大小，stride 表示卷积的步长（步长是之前所有层步长的乘积），f_{size} 表示卷积层卷积核的大小。

一般来说，感受野大于锚框大小，如果感受野小于最大尺度的锚框，那么大尺度目标检测效果会不好。在 Faster R-CNN 算法中，典型的是 1000×600 的输入图像，经过 CNN 后，用于预测的特征图分辨率是 63×38，通过计算可知这一层的感受野为 228，小于锚框的大小（512），因此会存在较大尺度目标的检测效果不好的问题。

实际有效的感受野是一个高斯分布，它和理论上的感受野有一定的差距，即有效感受野小于理论感受野。有效感受野越大越好，上采样和空洞卷积都可以扩大有效感受野的范围。

3.2.8　RoI 特征图映射

R-CNN 检测算法需要对选择性搜索算法生成的每个感兴趣区域进行卷积计算来提取特征，这会导致大量的重复计算。Fast R-CNN 将图像中的候选区域映射到特征图对应的区域，这个图像只需要一次 CNN 的计算，避免了重复计算。Faster

R-CNN 检测算法对输入图像只需进行一次卷积计算，特征图区域通过映射就可得到图像上对应的感兴趣区域，极大地减少了计算量。它们是如何进行映射的呢？这里进行简单的介绍。

图 3-7 中输出特征图的尺寸与输入特征图的尺寸之间的关系可由式（3-2）计算：

$$W_1 = (W_2 - 1) \times S - 2P + F \tag{3-2}$$

其中，W_1表示输出特征图的宽度（这里默认特征图的长度与宽度一致），W_2表示输入特征图的宽度，S 表示步长，P 表示零填充个数，F 表示卷积核的尺寸大小。

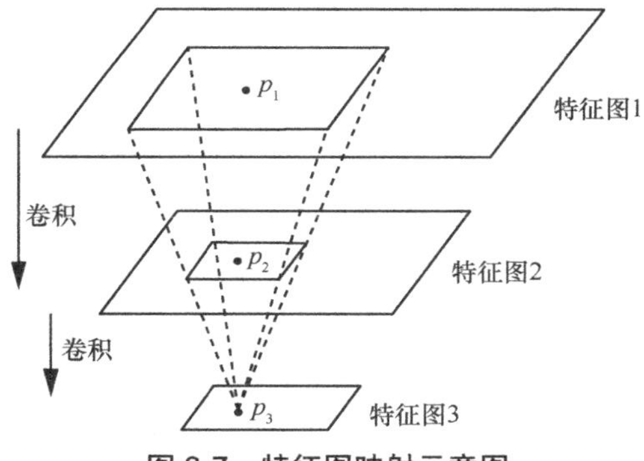

图 3-7　特征图映射示意图

将特征图 2 上的点 p_2 映射回特征图 1 所在的点 p_1，可表示为：

$$p_1 = 2 \times p_2 + ((5-1)/2-1) = 2 \times p_2 + 1 \tag{3-3}$$

同理，将特征图 3 上的点 p_3 映射回特征图 2 所在的点 p_2，可表示为：

$$p_2 = 3 \times p_3 + \left(\frac{7-1}{2} - 0\right) = 3 \times p_3 + 3 \tag{3-4}$$

如果是计算多个特征之间的映射，就需要多个上述过程，即特征图 3 上的点 p_3 映射回特征图 1 所在的点 p_1 可表示为：

$$p_1 = 6 \times p_3 + 7 \tag{3-5}$$

因此，可以通过式（3-6）计算不同特征图中特征点的映射关系：

$$p_i = s_i \times p_{i+1} + \left(\frac{(k_i - 1)}{2} - \lfloor k_i / 2 \rfloor \right) \tag{3-6}$$

其中，当 k_i 为奇数时，$\left(\frac{(k_i - 1)}{2} - \left\lfloor \frac{k_i}{2} \right\rfloor \right) = 0$，$p_i = s_i \times p_{i+1}$；当 k_i 为偶数时，$\left(\frac{(k_i - 1)}{2} - \left\lfloor \frac{k_i}{2} \right\rfloor \right) = -0.5$，$p_i = s_i \times p_{i+1} - 0.5$。而 p_i 是坐标值，不能为小数，因此 $p_i = s_i \times p_{i+1}$。通过以上过程即可将不同特征图之间的区域进行映射。

3.3 双阶段检测算法

3.3.1 从 R-CNN 到 Fast R-CNN

Ross Girshick 曾提到："在过去的几年（2011—2013 年）中，目标检测算法的发展几乎是停滞的，人们大多在低层特征表达的基础上构建复杂的模型以及更加复杂的多模型集成来缓慢地提升检测精度"。既然卷积神经网络能够学习到非常好的特征表示，那么是否可以把它引入目标检测领域呢？当卷积神经网络在 2012 年 ImageNet 分类任务中取得了巨大成功后，Ross Girshick 等人于 2014 年提出了区域卷积网络目标检测框架——R-CNN。自此目标检测领域开始以前所未有的速度发展。

R-CNN 算法利用选择性搜索算法生成感兴趣区域的候选框，并将其作为样本输入卷积神经网络，由网络生成候选框和真实框组成的正负样本特征，形成对应的特征向量，再由支持向量机设计分类器对特征向量进行分类，最后对候选框以及真实框完成边框回归操作，以达到目标检测的目的。

R-CNN 算法结构如图 3-8 所示。针对输入的图像，利用选择性搜索提取大约 2000 个左右的候选区域，将每一个候选区域的大小调整为 227×227，将候选区域输入分类网络（用的是 AlexNet），将提取到的每个候选区域的特征输入 SVM 分类器进行分类，最后进行窗口回归。

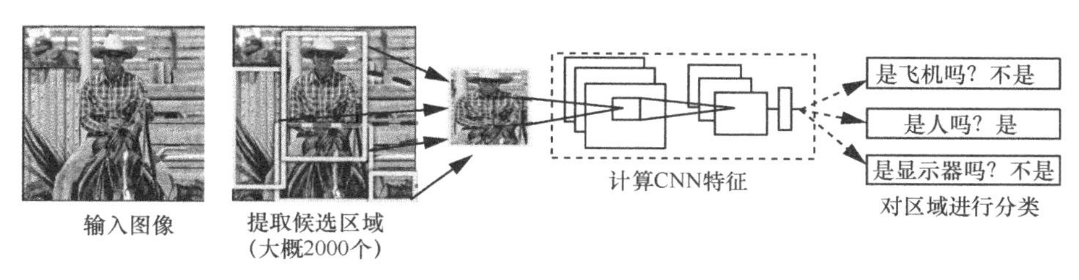

图 3-8 R-CNN 算法结构

在PASCAL VOC数据集上，R-CNN的mAP从2012年的40%提升到了53.3%，提升幅度非常大，展现了深度学习的巨大优势。

虽然 R-CNN 算法相比于传统目标检测算法取得了巨大的性能提升，但也存在着训练过程烦琐、重复计算较多、训练时间长、存储开销大、检测速度慢等问题。

为了解决对图像重复进行特征提取的问题，2015 年何恺明等人提出了 SPP-Net 算法，它在卷积层和全连接层之间引入空间金字塔池化（Spatial Pyramid Pooling，SPP）结构，代替 R-CNN 算法对候选区域进行剪裁、缩放的操作（使图像子块尺寸一致），节省了计算成本。

在检测算法中，不同候选窗口输入 CNN 得到的特征向量的维度必须是一致的，R-CNN 通过裁剪和调整大小使候选窗口的特征向量维度一致，这会使目标扭曲或损失信息。SPP-Net 利用空间金字塔池化结构，使任意尺寸的候选窗口通过 CNN 都可以得到固定长度的特征向量。空间金字塔池化原理如图 3-9 所示，它包括 3 个步骤：第一，对整个特征图进行最大池化，得到 1 个数值；第二，将整个特征图分成 4 份，然后在 4 份内分别进行最大池化，得到 4 个数值；第三，将整个特征图分成 16 份，在 16 份内分别进行最大池化。这样就得到了一个固定长度的向量。通过空间金字塔池化操作，任何尺寸的特征图都会得到一个维度为 21 的特征向量，而不需要对候选窗口进行变形操作。

SPP-Net 也有显著的缺点，它的训练包括多个过程，特征也需要写入磁盘，分类和边框的回归没有联合学习。而且 SPP-Net 的微调过程不能更新在空间金字塔池化之前的卷积层，这限制了深层网络的精度提升。

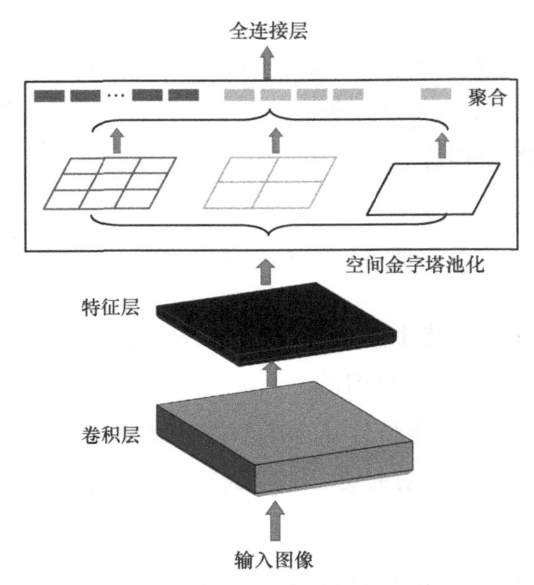

图 3-9　空间金字塔池化示意图

针对 SPP-Net 算法的问题，2015 年 Ross Girshick 提出了 Fast R-CNN 算法，它借鉴了 SPP-Net 的结构，设计了一种感兴趣区域（Region of Interest，RoI）池化结构，解决了 R-CNN 算法必须将图像区域剪裁、缩放到相同尺寸大小的问题，如图 3-10 所示。Fast R-CNN 采用了多任务损失函数思想，将分类损失和边框回归损失结合统一训练学习，并输出对应分类和边框坐标，不再需要额外的硬盘空间来存储中间层的特征，且梯度能够通过 RoI 池化层直接传播。

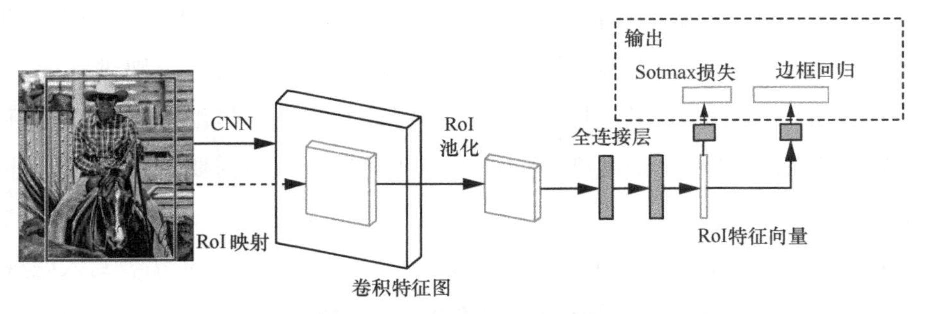

图 3-10　Fast R-CNN 架构

RoI 池化是 SPP 的简化版，SPP 将特征图池化成多个固定尺度，而 RoI 只池化到一个固定的尺度（6×6）。Fast R-CNN 训练是使用多任务损失的单阶段训练，可以更新所有网络层参数，不需要磁盘空间缓存特征（通过将图像中的候选区域映射到特征图对应的区域，这个图像只需要一次 CNN 的计算，避免了重复计算）。反向传播训练所有网络权重是 Fast R-CNN 的重要能力。

将输入图像和多个感兴趣区域输入全卷积网络中，每个 RoI 被池化成一个固定大小的特征图，然后通过全连接层映射到特征向量。每个 RoI 网络有两个输出向量：Softmax 概率和每类边界框回归偏移。

Fast R-CNN 以图片为基本单元，每个用于训练的批量都来自于同一个图片，整幅图像的前向传播计算只需要一次即可。SPP-Net 以候选窗口为基本单元，候选窗口在取批量时会被打乱，这些候选窗口来自于不同的图像，需要分别对图像进行前向传播，计算量大。

Fast R-CNN 的速度从 R-CNN 的 46s 加速到每张图像 2~3s，主要的时间花在了候选区域提取上（采用启发式算法生成候选窗口，无法用 GPU 进行加速，成为速度瓶颈）。

3.3.2　Faster R-CNN 算法原理

Fast R-CNN 使用选择性搜索方法提取候选框，无法利用 GPU 的高度并行运算能力，效率低，而且候选框太多（2000 个），加重了后面深度学习处理的压力。为了解决 Fast R-CNN 算法的缺陷，2015 年有研究者提出了 Faster R-CNN 算法。Faster R-CNN 在吸取了 Fast R-CNN 优点的前提下，采用共享的卷积网络直接预测建议框，数量只有 300 个。区域建议网络（Region Proposal Network，RPN）中的预测部分大多在 GPU 中完成，且卷积网络和 Fast R-CNN 部分共享，Faster R-CNN 在略微提高精度的同时大幅提升了计算速度，达到 17fps，提高了实时处理能力，且可完全经过端到端处理，全程可用 GPU 加速计算。

图 3-11（a）所示是 Faster R-CNN 的示意图。图中的卷积层用于提取特征，需要加载事先在分类任务上预训练的模型参数。如图 3-11（b）所示，RPN 与检测网络共享全图像卷积特性，从而实现了几乎不需要计算量的区域建议（也可以

成为候选区域）过程。RPN用于产生候选窗口，它采用了锚框机制，通过直接在特征图上产生候选窗口，大大减少了计算量。RPN是一个完全卷积的网络，它同时预测每个位置的物体边界和物体存在性的得分。RPN经过端到端的训练能生成高质量的区域建议，并用于Fast R-CNN检测。通过交替优化，RPN和Fast R-CNN可以共享卷积特征。

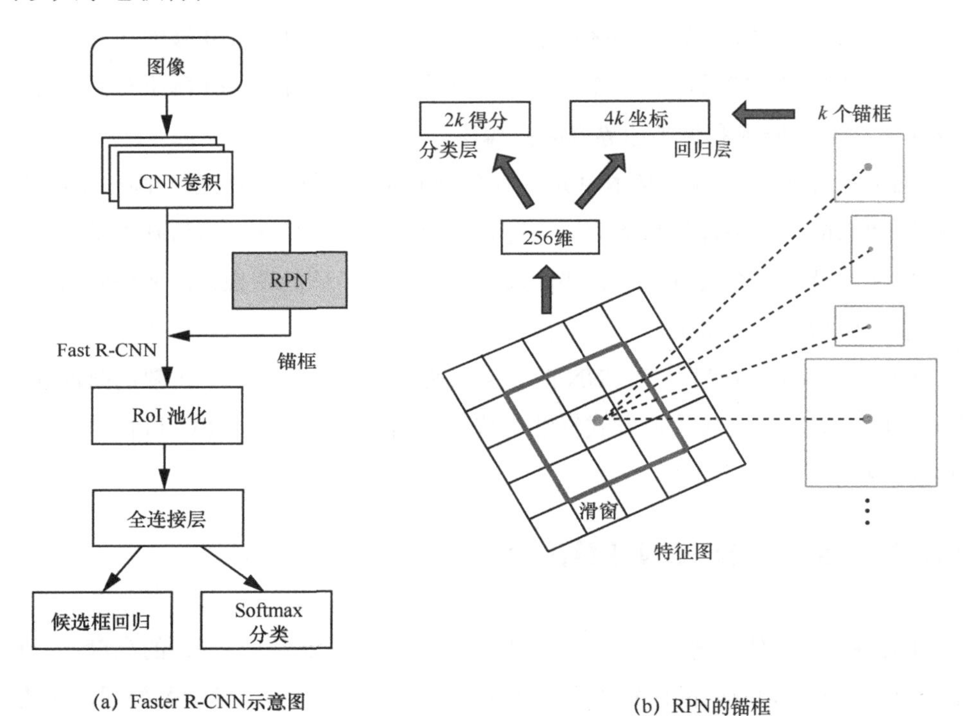

(a) Faster R-CNN示意图

(b) RPN的锚框

图3-11 Faster R-CNN和RPN

RPN产生的候选窗口经过RoI池化层（RoI池化层用于将不同尺寸的特征图变成固定长度的向量）输入Fast R-CNN，全连接层后面连接的分类和回归分支分别用于对候选框内的目标进行类别判断和定位。损失函数包括分类损失和回归损失，通过计算真实值与预测值之间的误差（也叫损失），根据梯度下降法调整网络参数（包括卷积参数和全连接参数）。Faster R-CNN的特点是RPN与Fast R-CNN可以共享卷积网络，且整个算法可以经过端到端的优化，用GPU加速计算，在提高精度的同时大幅提升了计算速度。

这里 RPN 和 Fast R-CNN 都包括分类损失和回归损失。RPN 的分类是二分类（是物体，还是背景），回归是粗回归；Fast R-CNN 的分类是 Softmax 多分类，回归是在 RPN 的基础上的精回归，后文给出的是 RPN 的损失。

RPN 产生锚框的过程如下：图片经过 CNN 得到特征图，对于一张 1000×600 的图片，经过 5 层卷积之后，特征图的大小是原图的 1/16，得到的就是 60×40 的特征图，特征图上的每个点都会产生 9 个锚框，即会得到 60×40×9 个候选窗口。选取不同尺度是因为目标的大小不同，选取不同的长宽比是因为物体的形状各异，以便更好地适应各个形状。生成的锚框输入 Fast R-CNN 进行进一步的分类和回归。

RPN 首先生成锚框，并对所有的锚框做边框回归，提取前景得分前 6000 的锚框，舍弃超出图像边界的背景锚框，剔除非常小的锚框，进行 NMS（将 IoU＞0.7 的区域全部合并），重新排序，将得分前 300 的锚框作为候选窗口输出，即实现了从锚框到候选窗口的过程。

得到锚框的方法就是在特征图上的每个特征点预测多个候选区域（把每个特征点映射回原图的感受野的中心点当成一个基准点，然后围绕这个基准点选取 k 个不同尺度、不同长宽比的锚框）。Faster R-CNN 采用 3 个尺度（128^2、256^2、521^2）和 3 个长宽比（1:1、1:2、2:1），如图 3-12 所示。

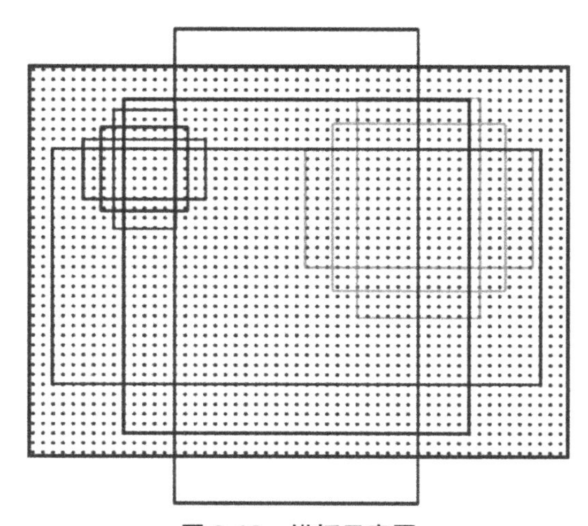

图 3-12 锚框示意图

总体损失函数可以定义为：

$$L(\{p_i\},\{t_i\})=\frac{1}{N_{\text{cls}}}\sum_i L_{\text{cls}}(p_i,p_i^*)+\lambda\frac{1}{N_{\text{reg}}}\sum_i p_i^* L_{\text{reg}}(t_i,t_i^*) \tag{3-7}$$

其中，i 表示一个批量中的第 i 个 RoI，p_i 表示第 i 个 RoI 是目标的概率。p_i^* 是 RoI 的真实标签，在检测任务中，如果分类结果是目标，则 $p_i^*=1$，反之 $p_i^*=0$。t_i 包含 4 个数值，分别表示目标边框的 x 坐标、y 坐标、宽度和高度，t_i 是检测算法预测的边框，t_i^* 是上述坐标的真实标签。λ 为用于平衡分类和回归损失的平衡因子，一般取 1。其中多任务损失函数 L 为分类损失 L_{cls} 和回归损失 L_{reg} 之和，计算式为：

$$L_{\text{reg}}(t_i,t_i^*)=\text{smooth}_{L_1}(t_i-t_i^*) \tag{3-8}$$

L_{cls} 是一个简单的二类交叉熵，

$$L_{\text{cls}}=-\left[y\log\hat{y}+(1-y)\log(1-\hat{y})\right] \tag{3-9}$$

对于回归任务，参数化以下 4 个坐标：

$$t_x=(x-x_a)/w_a, t_y=(y-y_a)/h_a, t_w=\log(w/w_a), t_h=\log(h/h_a) \tag{3-10}$$

$$t_x^*=(x^*-x_a)/w_a, t_y^*=(y^*-y_a)/h_a, t_w^*=\log(w^*/w_a), t_h^*=\log(h^*/h_a) \tag{3-11}$$

其中，x 和 y 表示边框中心点的坐标，w 和 h 分别表示边框的宽度和高度，x、x_a 和 x^* 分别表示检测算法预测的边框、RPN 产生的锚框和真实边框的坐标（y、w 和 h 同理）。这里宽度和高度采用的是对数空间下的表示，这可以降低其对损失函数的影响，因为损失函数应该更多地考虑中心点坐标，而不是宽度和高度。Fast R-CNN 损失函数只需要把交叉熵变成 Softmax 即可。

如果每幅图的所有锚框都用于优化损失函数，那么最终会因为负样本过多导致最终得到的模型对正样本预测的准确率很低。因此，在每幅图像中随机采样 256 个锚框参与计算一次小批量的损失，正负样本比例为 1:1。

从 R-CNN 到 Faster R-CNN，算法特点以及效果总结如图 3-13 所示。

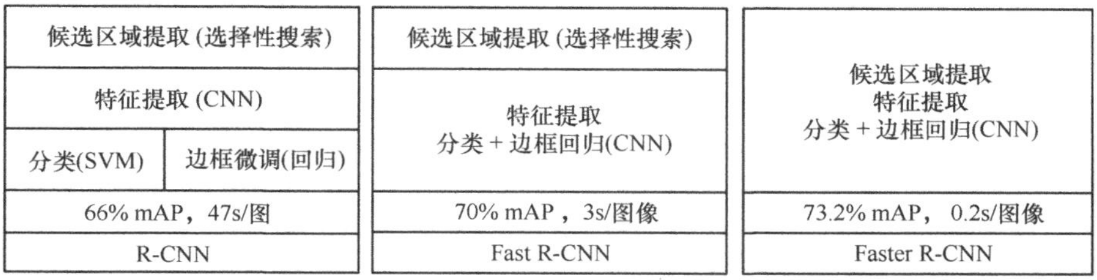

R-CNN	Fast R-CNN	Faster R-CNN
候选区域提取(选择性搜索)	候选区域提取(选择性搜索)	候选区域提取 特征提取 分类 + 边框回归(CNN)
特征提取(CNN)	特征提取 分类 + 边框回归(CNN)	
分类(SVM) / 边框微调(回归)		
66% mAP，47s/图	70% mAP，3s/图像	73.2% mAP，0.2s/图像

图 3-13　R-CNN、Fast R-CNN 和 Faster R-CNN 的算法原理以及处理效果

3.4　单阶段检测算法

3.4.1　YOLO 检测算法

双阶段检测算法中先生成候选框再对候选框进行识别和回归的方法与人眼的工作原理相差较大。而 YOLO 检测算法只需要看一次图片（指不会像双阶段算法那样生成多个候选框，并对候选框进行分类和回归，一个候选框相当于看一次图片）就能够预测目标是什么以及目标在哪里，与人眼工作原理类似。YOLO 检测算法把检测任务当成单阶段的回归问题，学习从图像像素到边框坐标和类别概率的映射。YOLO 检测算法包括 3 个步骤：第一，将图片大小变为 448×448；第二，用一个卷积神经网络对图片进行处理，同时预测多个边框及其所属的类别；第三，通过 NMS 去除充分边框。

YOLO 检测算法将输入图片分成 $S \times S$ 个网格（如图 3-14 所示），如果物体的中心点坐标在某个网格单元中，那么就由该网格单元负责对这个物体进行预测。每个网格单元预测 B 个边框及这些边框对应的置信度得分。

每个边框包含 5 个预测值，分别是 x、y、w、h 和置信度（Confidence），每个单元格预测 B 个$(x, y, w, h, \text{Confidence})$向量。$(x, y)$表示边框的中心点相对于当前网格单元的偏移值，其范围为 0 到 1。宽度 w 和高度 h 是相对于整个图像预测的，要进行归一化（分别除以图像的 w 和 h，这样最后的 w 和 h 就在 0 到 1 范围）。置信度的定义为 $\Pr(\text{Object}) \times \text{IoU}_{\text{pred}}^{\text{truth}}$，它是 Pr(Object)和 IoU 二者的乘积。如果物体的真实位置落在这个网格单元里，那么 Pr(Object)就取 1，否则取 0。如果某个单元内没有物体，置信度得分为 0；否则，置信度得分等于预测框和真实框之间的交并比。

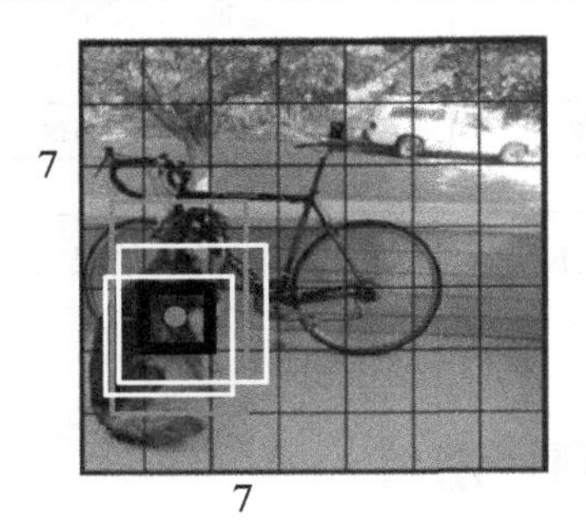

1. 灰色框代表目标（狗）的真实边框；
2. 黑色框是第五行第二列的网格单元；
3. 灰色点代表目标边框的中心点，中心点落在了第五行第二列的网格单元，则此网格单元就负责此目标的预测；
4. 两个白色边框代表根据此单元格生成的目标边框，在训练过程中，随着模型逐步收敛，边框会越来越接近目标；
5. 一共有49个网格单元，每个单元产生2个边框，相当于产生98个候选区域。

图 3-14　YOLO 检测算法效果示意图

图 3-15 中，假设图片有 $S \times S$ 个网格，图片宽为 w_i，高为 h_i，灰色单元格坐标为 $x_{\text{col}}=1$，$y_{\text{row}}=4$，预测输出是白色边框，设边框的中心坐标为 (x_c, y_c)，那么最终预测出来的(x, y)是经过归一化处理的，表示的是相对于单元格的偏置，预测的中心点坐标：

$$x=\frac{x_c}{w_i} \times S-x_{\text{col}}, \quad y=\frac{y_c}{h_i} \times S-y_{\text{row}} \tag{3-12}$$

预测的边框的宽高表示的是边框相对于整张图片的占比：$w=\frac{w_b}{w_i}$，$h=\frac{h_b}{h_i}$。

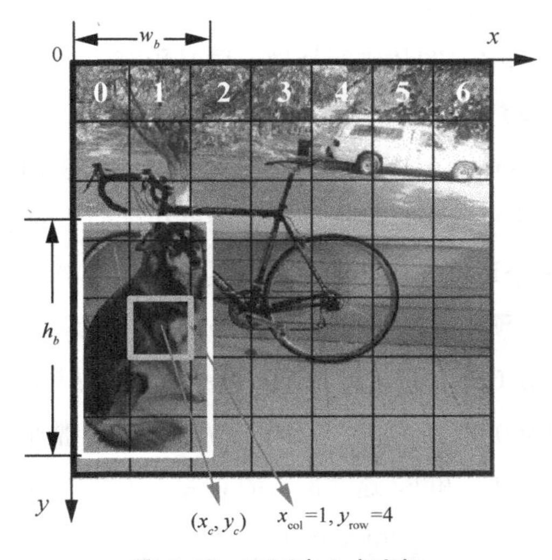

图 3-15　预测中心点坐标

每个网格单元还预测 C 个条件类概率 $\Pr(\text{Class}_i \mid \text{Object})$，其表示一个网格单元在包含物体的条件下属于某个类别的概率。这些概率的条件是网格单元包含物体。在测试时，将条件类概率和边框置信度相乘，得到置信度得分：

$$\Pr(\text{Class}_i \mid \text{Object}) \times \Pr(\text{Object}) \times \text{IoU}_{\text{pred}}^{\text{truth}} = \Pr(\text{Class}_i) \times \text{IoU}_{\text{pred}}^{\text{truth}} \quad (3\text{-}13)$$

边框的置信度得分代表类出现在框中的概率以及预测框位置的准确性。

对于 PASCAL VOC 数据集，$S=7$，$B=2$，$C=20$。最终预测输出是一个 7×7×30 的张量。30（即 5×2+20）里面包括了 2 个边框的 x、y、w、h、Confidence 以及针对网格单元而言的 20 个类别概率。这里，类别信息（每个网格单元有 20 个数字）是针对每个网格的，置信度（每个网格单元有两个数字）信息是针对每个边框的。

把 7×7×30 的张量看作 49 个 30 维的向量，也就是输入图像中的每个网格对应输出一个 30 维的向量，如图 3-16 所示，输入图像左上角的网格对应输出张量中左上角的向量。

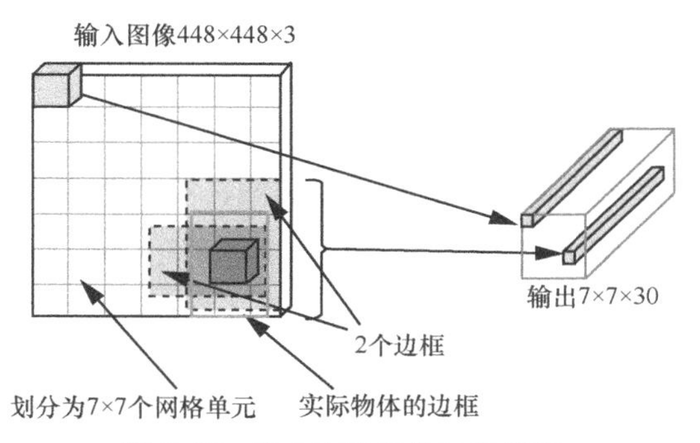

图 3-16 输入和输出的映射关系

YOLO 检测算法并没有真正去掉候选区，而是采用了预定义的候选区，也就是将图片划分为 49 个网格，每个网格允许预测 2 个边框（包含某个物体的矩形框），总共 98 个边框。可以理解为用 98 个候选区粗略地覆盖了图片的整个区域。

YOLO 检测算法并不仅仅将网格内的信息映射到一个 30 维向量。经过 CNN 对输入图像信息的提取和变换，网格周边的信息也会被识别和整理，最后编码到那个 30 维向量中，即该向量包含了丰富的上下文信息。具体来看，每个网格对应的 30 维向量中包含了以下信息。

- 20 种物体分类的概率。30 维的向量中有 20 维表示该网格位置存在每一种物体的概率，可以表示为：$P(C_1 \mid \text{Object}), \cdots, P(C_i \mid \text{Object}), \cdots, P(C_{20} \mid \text{Object})$，这里是条件概率，即在存在物体的前提下，其是某一种物体的概率。
- 2 个边框的位置。每个边框需要 4 个数值来表示其位置，即边框中心点的 x 坐标、y 坐标，边框的宽度、高度。2 个边框共需要 8 个数值来表示其位置。
- 2 个边框的置信度。边框的置信度等于该边框内存在物体的概率乘该边框与该物体实际边框的 IoU。一个边框的置信度意味着它是否包含物体且位置准确的程度。置信度高表示这里存在一个物体且位置比较准确，置信度低表示可能没有物体或者即便有物体也存在较大的位置偏差。

总体来说，30 维向量=20 个物体的概率+2 个边框×4 个坐标+2 个边框的置信度。对于一张输入图片，其输出的是 7×7×30 的张量，其标签也应该是这个维度。首先，输出的 7×7 维度对应于输入的 7×7 网格，然后具体看 30 维向量如何生成。

对于输入图像中的每个物体，先找到其中心点。比如图 3-15 中的狗，其中心点是圆点位置，中心点落在黄色网格内，因此这个黄色网格对应的 30 维向量中，狗的概率是 1，其他物体的概率是 0。在所有其他 48 个网格的 30 维向量中，狗的概率都是 0。这就是所谓的“中心点所在的网格对预测该物体负责”。自行车和汽车的分类概率也用同样的方法填写。每个网格单元会产生两个边框，计算两个边框与真实边框的交并比 $\text{IoU}_{\text{pred}}^{\text{truth}}$，哪个大就由哪个边框来负责预测该物体是否存在，即该边框的 $\Pr(\text{Object})=1$，另一个不负责的边框的 $\Pr(\text{Object})=0$。即与物体实际边框最接近的那个边框的 $\text{Confidence}=\text{IoU}_{\text{pred}}^{\text{truth}}$，该网格的其他边框的 Confidence=0。如图 3-15 中狗的中心点位于第 5 行第 2 列网格中，因此真实标签张量中第 5 行第 2 列位置的 30 维向量如图 3-17 所示。

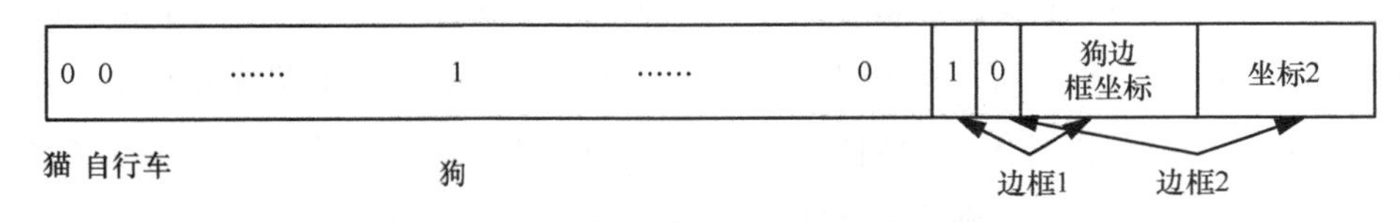

图 3-17 训练样本的一个 30 维向量

第 5 行第 2 列网格位置有一只狗，它的中心点在这个网格内，它的位置边框是边框 1 所填写的狗的实际边框。注意，图中将狗的位置放在边框 1，但实际上是在训练过程中等网络输出以后，比较两个边框与狗实际位置的 IoU，狗的位置（实际边框）放置在 IoU 比较大的那个边框（图中假设是边框 1），且该边框的置信度设为 1。最后输出为类别概率和边框坐标。

损失就是网络实际输出值与样本标签值之间的偏差，如图 3-18 所示。

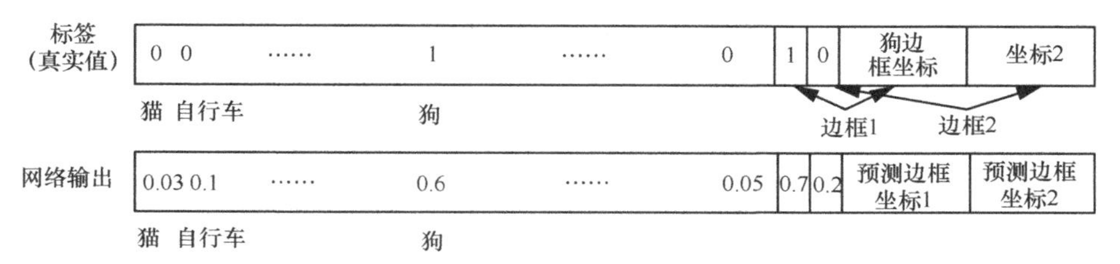

图 3-18　样本标签与网络实际输出

YOLO 检测算法增加了边界框坐标预测的损失，并减少了不包含物体的框的预测损失。使用两个参数 coord 和 noobj 来完成这项工作，设置 coord=5，noobj=0.5。训练过程中，多任务损失函数为：

$$\lambda_{\text{coord}}\sum_{i=0}^{S^2}\sum_{j=0}^{B}1_{ij}^{\text{obj}}\left(x_i-\overset{\Lambda}{x}_i\right)^2+\left(y_i-\overset{\Lambda}{y}_i\right)^2$$

$$+\lambda_{\text{coord}}\sum_{i=0}^{S^2}\sum_{j=0}^{B}1_{ij}^{\text{obj}}\left(\sqrt{w_i}-\sqrt{\overset{\Lambda}{w}_i}\right)^2+\left(\sqrt{h_i}-\sqrt{\overset{\Lambda}{h}_i}\right)^2$$

$$+\sum_{i=0}^{S^2}\sum_{j=0}^{B}1_{ij}^{\text{obj}}\left(C_i-\overset{\Lambda}{C}_i\right)^2$$

$$+\lambda_{\text{noobj}}\sum_{i=0}^{S^2}\sum_{j=0}^{B}1_{ij}^{\text{noobj}}\left(C_i-\overset{\Lambda}{C}_i\right)^2$$

$$+\sum_{i=0}^{S^2}1_i^{\text{obj}}\sum_{c\in\text{Classes}}\left(p_i(c)-\overset{\Lambda}{p}_i(c)\right)^2 \tag{3-14}$$

其中，1_i^{obj} 表示网格 i 中存在物体。1_{ij}^{obj} 表示物体是否出现在单元 i 中，且在单元 i 中的第 j 个边框预测器负责这个预测。1_{ij}^{noobj} 表示网格 i 的第 j 个边框中不存在物体。

在式（3-20）的损失函数中，前面两行表示定位误差（即坐标误差），第一行是对边框中心坐标(x, y)的预测，第二行是对宽和高的预测。第三、四行表示边框的置信度误差，网格单元被分成包含与不包含物体两种情况。第三行是存在物体的边框的置信度误差，带有1_{ij}^{obj}意味着只有“负责”（IoU 较大）预测的那个边框的置信度才会计入误差。第四行是不存在物体的边框的置信度误差。设λ_{noobj}为 0.5，以降低不存在物体的边框的置信度误差权重。第五行表示预测类别的误差，注意第五行的系数只有在网格单元包含物体的时候才为 1，即只有存在物体的网格才计入误差。

综上，可以发现，对于每一个包含目标的边框，都会计算其定位误差和置信度误差，且对包含目标的单元计算类概率误差。但是对于不包含目标的边框，只需要计算置信度误差即可。

损失函数一共有 4 组误差：每个边框的定位误差、单元包含物体时的置信度误差、单元不包含物体时的置信度误差、单元的类概率误差。与之对应，需要通过标签得到 4 个对应的真实边框。

测试时，输入一张图片，将输出一个 7×7×30 的张量表示图片中所有网格包含的物体（概率）以及该物体可能的 2 个位置和可信程度（置信度）。每个网格预测的类别信息 $\Pr(\text{Class}_i \mid \text{Object})$ 和边框预测的置信度信息 $\Pr(\text{Object}) * \text{IoU}_{\text{pred}}^{\text{truth}}$ 相乘，就得到每个边框的类别置信度得分。对于 98 个边框（每个边框既有对应的类别信息，又有坐标信息），首先将阈值小于 0.2 的得分清零，然后重新排序，最后再用 NMS 算法去掉重复率较大的边框，如图 3-19 所示。

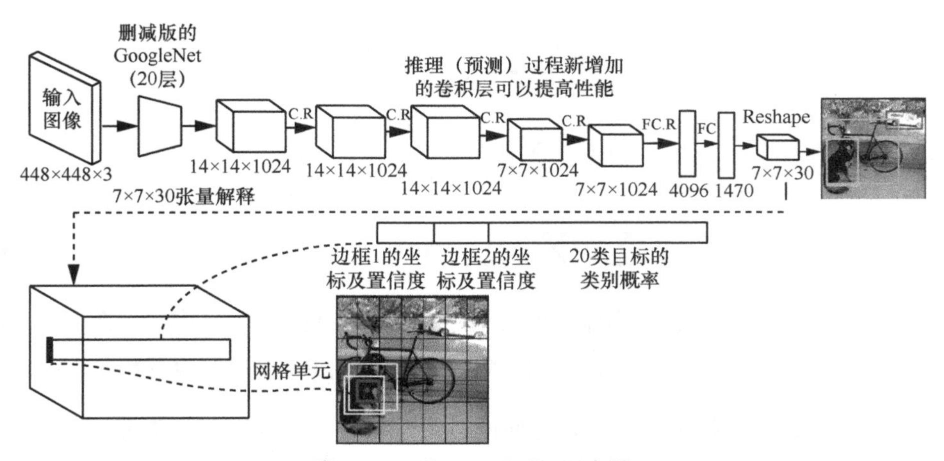

图 3-19　推理（预测）示意图

相比于传统方法，YOLO 检测算法具有以下优点。第一，YOLO 检测算法的速度非常快。因为把检测作为一个回归问题来处理，所以不需要复杂的多个步骤，只需测试时在图像上运行神经网络来预测结果即可。第二，YOLO 检测算法在预测时，会从全局范围内对这幅图像中的目标进行预测。与基于滑动窗口和区域建议的技术不同，YOLO 检测算法在训练和测试期间看到了整个图像，因此它编码了关于物体类别及其外观的上下文信息。第三，YOLO 检测算法的泛化能力较强。

基于 YOLO 系列算法，其他研究人员提出了一些改进算法（YOLO v2~YOLO v5 等），检测速度和精度得到了进一步提升。

3.4.2 SSD 检测算法

2016 年 12 月 Liu Wei 等提出了 SSD 检测算法，将回归思想和锚框（SSD 论文里称作默认边框）机制结合，消除了双阶段算法中候选区域生成和随后的像素或特征重采样阶段（指 RoI 池化），并将所有计算封装在一个网络中，使得其易于训练，速度较快。它将边界框的输出空间离散化为一组默认边框，这些框在不同层次的特征图上生成，而且有不同的长宽比。在预测时，网络预测每个默认边框中属于每个类别的可能性（PASCAL VOC 数据集有 21 类，其中一类是背景），并对默认边框进行调整，以使其紧致地包围目标。网络在多个具有不同分辨率的特征图上进行预测，可处理各种大小的物体。

如图 3-20 所示，SSD 网络可以分成特征提取和检测框生成两部分，特征提取采用的基础网络是从分类网络借鉴而来的。SSD 采用 VGG-16 作为基础网络结构，使用 VGG-16 的前 5 层，将 FC6 和 FC7 层转化成两个卷积层（从模型的 FC6、FC7 上的参数进行采样，得到这两个卷积层的参数）。模型额外增加了 3 个卷积层和一个平均池化层。但是这样变化后，会改变感受野的大小，因此采用了扩张卷积。

SSD 在裁剪的基础网络之后添加卷积层，这些层的特征图大小是逐步减小的，从而实现在多尺度下进行预测。多尺度特征图包括 conv4-3（表示 VGG-16 的第 4 个卷积层得到的特征图，特征图的尺寸为 38×38，通道数为 512）、conv7（表示 SSD 算法中第 7 个卷积层得到的特征图，特征图的尺寸为 19×19，通道数为 1024）、

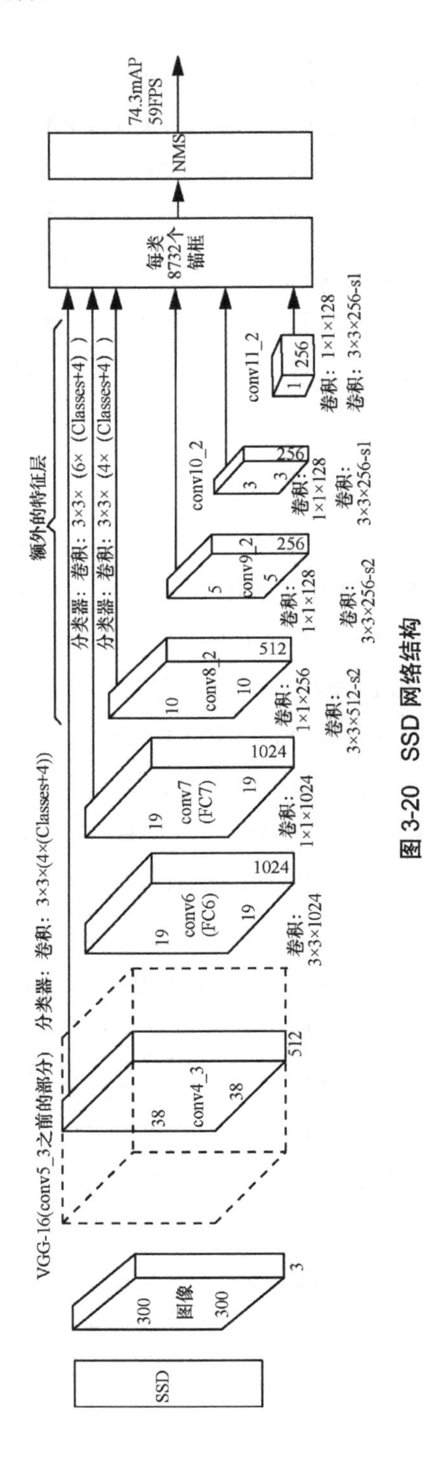

图 3-20 SSD 网络结构

conv8-2（表示 SSD 算法中第 8 个卷积层得到的特征图，特征图的尺寸为 10×10，通道数为 512）、conv9-2（表示 SSD 算法中第 9 个卷积层得到的特征图，特征图的尺寸为 5×5，通道数为 256）、conv10-2（表示 SSD 算法中第 10 个卷积层得到的特征图，特征图的尺寸为 3×3，通道数为 256）和 conv11-2（表示 SSD 算法中第 11 个卷积层得到的特征图，特征图的尺寸为 1×1，通道数为 256）6 种尺度。

SSD 在每个添加的特征层（或从基础网络中选择现有的特征层）上使用小的卷积核，预测一系列边框偏置。在图 3-21 中的 SSD 网络架构顶部可以看到，对于具有 p 通道的 $m \times n$ 尺寸特征图，采用 $3 \times 3 \times p$ 的小卷积核，输出的是类别分数或相对于默认框坐标的形状偏移。特征图的每个 $m \times n$ 位置都会产生一系列输出值。边界框偏移输出值是输出的默认边框与此时特征图位置之间的相对距离。

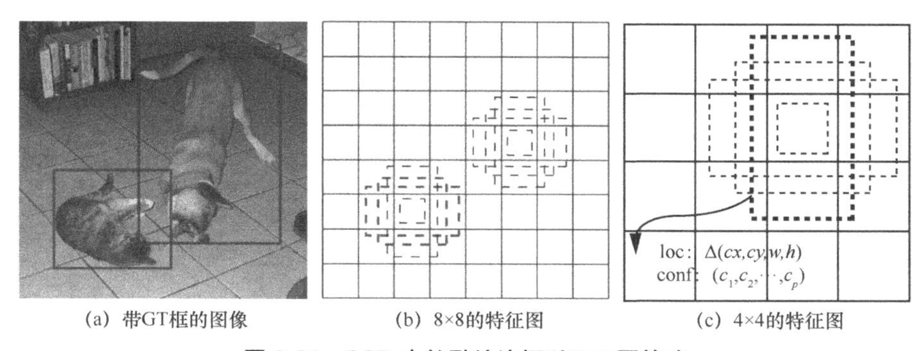

(a) 带GT框的图像　(b) 8×8的特征图　(c) 4×4的特征图

图 3-21　SSD 中的默认边框以及匹配策略

图 3-21 中的预测部分用于预测物体类别的置信度，并通过在特征图上使用小尺寸的卷积核（1×1 和 3×3 的卷积核）来直接预测物体的边框坐标，因为预测是在 6 种不同的尺度下进行的，且每种尺度具有不同长宽比的锚框，所以能够提高目标检测的精度，而且整个算法可以进行端到端的训练，在检测速度上也有较大的优势。

特征图的每个像素都会产生一定数量的默认边框，默认边框平铺在整个特征图，每一个默认边框相对于与其对应的特征图单元的位置是固定的。在每一个特征图单元中，要预测得到的边框与默认边框之间的偏置，以及每一个边框中包含物体的得分（每一个类别概率都要计算出来）。

具体来说，对于每个框，计算 C 类分数和相对于原始默认边框形状的 4 个偏移量。因此在特征图中的每个位置需要$(C+4)\times k$个卷积核，从而为$M\times N$特征图生成$(C+4)\times k\times m\times n$个输出。这里的默认边框类似于Faster R-CNN中使用的锚框，但是这里将锚框用于不同分辨率的几个特征图，允许在多个特征图中使用不同的默认边框形状，可以考虑到不同尺寸的目标。

通过多尺度特征图，不同比例和长宽比的默认边框产生了丰富的预测边框，涵盖了各种大小和形状的物体。例如，在图3-21中，狗与4×4特征图中的默认边框相匹配，但不与8×8特征图中的任何默认边框相匹配。这是因为这些边框的尺度不同，与狗的边框不匹配，所以在训练中被认为是负样本。

SSD在训练时只需要输入图像以及每个目标的真实位置和类别，在不同尺度的特征图的每个位置产生不同长宽比的锚框。对每个锚框的形状偏置（图3-21中的loc）和所有类别的置信度（图3-21中的conf）进行预测。

网络中不同层级特征图具有不同的感受野大小，在SSD框架内，默认边框不需要对应于每层的实际感受野，SSD在整个特征图平铺了默认边框，以便特定的特征图学会对物体的特定比例做出响应。假设想对M个特征图进行预测，每个特征图默认边框的尺度计算如下：

$$s_k = s_{\min} + \frac{s_{\max} - s_{\min}}{m-1}(k-1), \quad k \in [1,m] \tag{3-15}$$

这里，$s_{\min}$为0.2，$s_{\max}$为0.9，即最低层尺度为0.2，最高层尺度为0.9，中间层的尺度通过等间距的采样获得。m是特征图个数，但代码里是5，这是因为conv4_3是单独设置的。s_k表示默认边框大小相对于图像大小的比例。

默认边框采用不同的长宽比，可以表示成$\alpha_r \in \left\{1,2,3,\frac{1}{2},\frac{1}{3}\right\}$。为每个默认边框计算宽度$w_k^a = s_k\sqrt{a_r}$和高度$h_k^a = s_k / \sqrt{a_r}$。长宽比为1时，增加一个尺度为$s_k' = \sqrt{s_k s_{k+1}}$的默认边框，因此SSD在特征图的每个点就会有6个默认边框。设置每个默认边框的中心为$\left(\frac{i+0.5}{|f_k|},\frac{j+0.5}{|f_k|}\right)$，这里$|f_k|$是第$k$个方形特征图的尺寸，$(i,j \in 0,|f_k|)$。实际上，应该根据数据集内目标的特点来设计默认边框，从而实现对数据集最好的拟合。

SSD中conv4-3、conv10-2和conv11-2有长宽比1、2和1/2，conv7、conv8-2

和 conv9-2 有长宽比 1、2、1/2、3 和 1/3。SSD 给不同的边框设置不同的长宽比，长宽比为 1 时，会增加一个尺寸的默认边框。因此 SSD 一共有 8732 个锚框（38×38×4+19×19×6+10×10×6+5×5×6+3×3×4+1×1×4=8732）。这是一个较大的数字，因此说 SSD 本质上是密集采样。

图 3-22 左侧所示为 conv8-2 产生锚框示意图，张量尺寸为 10×10×256，在 10×10 的平面内，每个位置产生 6 个锚框，此特征图一共产生 10×10×6 个锚框（特征图 conv8-2 的每个位置产生长宽比为 1、2、1/2、3 和 1/3 的默认框，尺度为 s_2，对于长宽比为 1 的，增加一个尺度为 s_3 的框，因此一个位置有 6 个锚框）。左侧图通过 3×3 卷积之后得到右侧张量，尺寸为 10×10×(6×25)，即每个锚框用 25 个数值表示，分别代表 4 个坐标值和 21 个类别概率值。明确以上张量内容后，即可准备数据（将输入图像机器标签变成右侧所示的张量）进行训练。

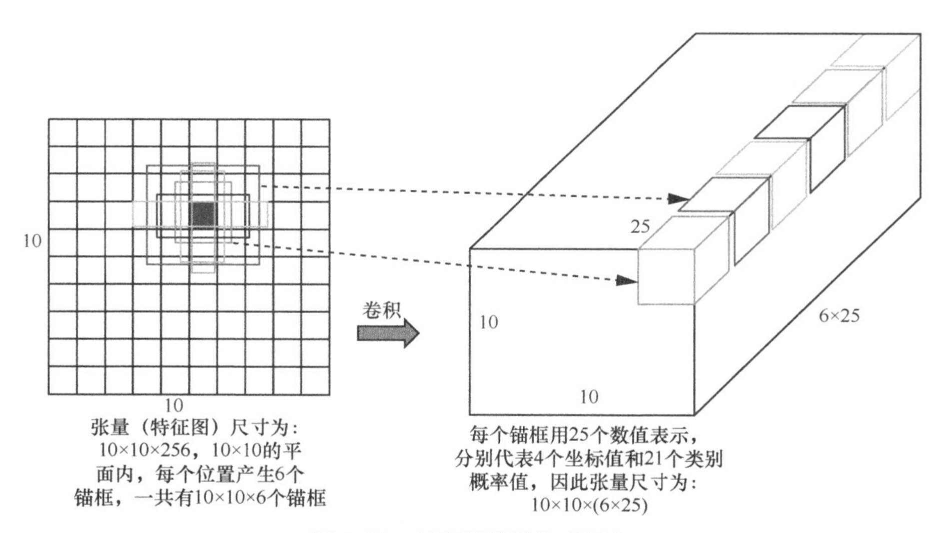

图 3-22　特征图张量物理意义

训练 SSD 检测算法和训练基于区域建议的算法之间的关键区别在于，需要将真实边框的信息分配给检测算法的输出。在 YOLO 检测算法的训练以及 Faster R-CNN 的区域建议阶段，也需要这方面的操作。一旦确定了这个分配，损失函数和反向传播就可被端到端地执行。训练还包括选择用于检测的默认框和尺度集以及难负样本挖掘和数据扩充策略。

SSD 的损失函数来源于 MultiBox，但是针对多类别进行了扩展。$x_{ij}^{p}=\{1,0\}$ 表示第 i 个默认边框与第 j 个真实边框（类别为 p）进行了匹配。在上述匹配测量中，可以得到 $\sum_i x_{ij}^{p} \geqslant 1$。总体目标损失函数包括定位和置信度损失。

$$L(x,c,l,g)=\frac{1}{N}\left(L_{\text{conf}}(x,c)+\alpha L_{\text{loc}}(x,l,g)\right) \tag{3-16}$$

其中，N 是匹配的默认边框的个数，如果 N=0，定位损失也为 0。定位损失是预测边框（l）和真实边框（g）之间参数的 Smooth L1 损失。与 Faster R-CNN 类似，算法回归默认边框（d）的中心点 (cx,cy) 的偏置，以及它的宽度（w）和高度（h）。

$$L_{\text{loc}}(x,l,g)=\sum_{i\in \text{Pos}}^{N}\sum_{m\in\{cx,cy,w,h\}} x_{ij}^{k}\text{smooth}_{L_1}\left(l_i^m-\hat{g}_j^m\right) \tag{3-17}$$

$$\hat{g}_j^{cx}=\frac{\left(g_j^{cx}-d_i^{cx}\right)}{d_i^w} \tag{3-18}$$

$$\hat{g}_j^{cy}=\left(g_j^{cy}-d_i^{cy}\right)/\,d_i^h \tag{3-19}$$

$$\hat{g}_j^{w}=\log\left(\frac{g_j^w}{d_i^w}\right) \tag{3-20}$$

$$\hat{g}_j^{h}=\log\left(\frac{g_j^h}{d_i^h}\right) \tag{3-21}$$

以上是把目标的真实边框参数 g_j 变成网络输出的参数数值 $\hat{g}_j$，习惯上，把以上过程称为边界框的编码，预测时，需要反向进行这个过程，即进行解码，把网络输出的参数数值 $\hat{g}_j$ 变成目标的真实边框参数 g_j。真实预测值其实只是边界框相对于先验框的转换值，即偏置。置信度损失是多个类别置信度的 Softmax 损失。

$$L_{\text{conf}}(x,c)=-\sum_{i\in \text{Pos}}^{N} x_{ij}^{p}\log(\hat{c}_i^p)-\sum_{i\in \text{Neg}}\log(\hat{c}_i^0) \tag{3-22}$$

这里，$\hat{c}_i^p=\dfrac{\exp(c_i^p)}{\sum_p \exp(c_i^p)}$，通过交叉验证设置 $\alpha=1$。

与选择性搜索等启发式算法生成候选窗口不同，SSD 的默认边框机制在特征图的所有位置生成多种尺度和长宽比的默认边框，以覆盖图像内所有的目标。因此它产生的边框中会有很大一部分是负样本，很少一部分是正样本，难负样本对于训练非常重要。

预测时，SSD 采用前向卷积网络生成一个固定大小的边界框集合及其包含所有类别物体的得分。对于每个预测框，首先根据类别置信度确定其类别与置信度值，去除属于背景的预测框，然后根据置信度阈值过滤掉阈值较低的预测框。对留下的预测框进行解码，即根据默认边框得到其真实的位置参数。之后根据置信度对边框进行降序排列，然后仅保留前 400 个预测边框。最后通过非极大值抑制去掉重叠度较大的预测，最后剩下的就是检测结果。

对于 300×300 的输入，SSD 在 Nvidia Titan X 上以每秒 59 帧的速度在 VOC 2007 测试时达到 74.3%的 mAP；对于 512×512 输入，SSD 达到 76.9%的 mAP。

3.5　融合单阶段和双阶段的算法

3.5.1　单阶段检测算法及双阶段检测算法的特点

基于深度学习的目标检测算法大致分为两类：单阶段检测算法和双阶段检测算法。单阶段检测算法在原图上铺设一系列锚框，利用一个全卷积网络，对这些锚框进行一次分类和一次回归，得到检测结果。双阶段检测算法在原图上铺设一系列锚框，利用一个网络，对这些锚框进行两次分类和两次回归，得到检测结果。比较经典的单阶段检测算法有 YOLO、SSD、RetinaNet、CornerNet，其中 SSD 是应用广泛的单阶段检测算法，后续大部分的一步法工作是基于它的。比较经典的双阶段检测算法有 Faster R-CNN、R-FCN、FPN、Cascade R-CNN、SNIP，其中 Faster R-CNN 是奠基性工作，绝大部分检测算法是在它的基础上改进的。单阶段检测算法一般效率高，双阶段检测算法一般精度高。

相对单阶段检测算法，双阶段检测算法多了特征重采样并进一步分类和回归的步骤。这一步骤一般比较耗时，但它能够显著提升精度，原因是它让双阶段检测算法相对于单阶段检测算法有了以下几个优势。

- 两阶段的分类。双阶段检测算法的第一次分类面临着正负样本极不平衡的问题，这会导致分类器较难训练。第一次分类滤除了大部分的负样本，因此送入第二次分类的候选窗口中的正负样本比例已经比较平衡了，即双阶段检测算法可以在很大程度上缓和正负样本极度不平衡的分类问题。

- 两阶段的回归。在双阶段检测算法中，第一步是对初始候选框进行校正，然后把校正过的候选框送入第二步，作为第二步校正的初始候选框，再让第二步进一步校正。
- 两阶段的特征。双阶段检测算法中第一步和第二步都有自己独有的特征，专注于自身的任务。第一步中的特征专注于处理二分类任务（区分前景和背景）和粗略的回归问题，第二步中的特征专注于处理多分类任务和精确的回归问题。
- 特征校准。双阶段检测算法中的 RoI 池化操作可把候选区域对应的特征提取出来，达到了特征校准的目的，而在单阶段检测算法中，特征是无法校准的。

3.5.2 RefineDet：结合单阶段及双阶段优点

RefineDet 检测算法的目的是让单阶段检测算法也具备双阶段检测算法的优势。图 3-23 是 RefineDet 的检测框架，与 SSD 类似，该网络产生固定数量的边界框和分数，然后进行非极大值抑制以产生最终结果。RefineDet 包括锚框调整模块（ARM）、目标检测模块（ODM）和传输连接模块（TCB）。

RefineDet 采用了一个两步级联回归策略来回归物体的位置和大小。首先使用 ARM 调整锚框的位置和大小，以便为 ODM 中的回归提供更好的初始化。为了尽早剔除易分类的负锚框，缓解不平衡问题，设计了负锚框过滤机制。即在训练阶段，对于调整后的锚框，如果其负置信度大于预设阈值，将在 ODM 训练中丢弃它。

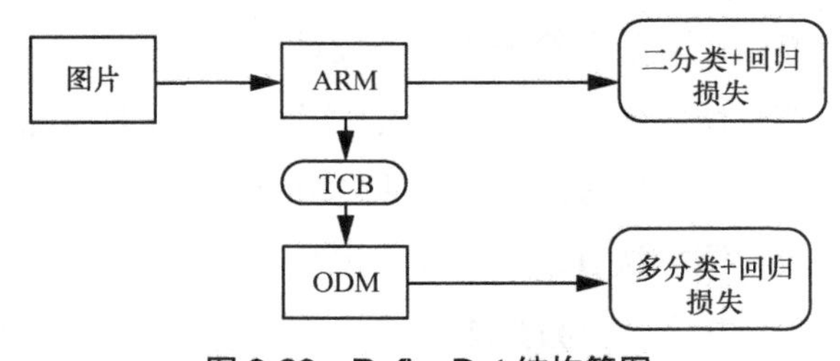

图 3-23　RefineDet 结构简图

ARM 模块的主要目的是实现二分类，滤除大量的简单负样本，同时实现简单的边框校正，为 ODM 模块提供更好的边框回归起点。将经过上述优化得到的锚框输入 ODM 模块，ODM 模块实现多分类和更进一步的边框校正。ODM 模块没有使用逐候选区域的耗时操作（例如 RoI 池化），而是直接通过 TCB 连接转换 ARM 的特征，并融合高层的特征，以得到感受野丰富、细节充足、内容抽象的特征，用于进一步的分类和回归。因此 RefineDet 属于单阶段检测方法，但是具备了双阶段检测方法的二阶段分类、二阶段回归、二阶段特征的优势，从而在保持单阶段检测方法的速度的前提下，获得了双阶段检测方法的精度。

3.6　从头训练的检测算法

3.6.1　从头训练的检测算法简介

图 3-24 所示是简化版的单阶段检测算法 SSD 的处理流程，主要包括 3 个部分，分别是骨干网络、前端网络和后处理模块。SSD 检测算法的骨干网络（如 VGG-16）是在大型分类数据集 ImageNet 上预训练过的，并去掉了最前端的用于输出类别的几个全连接层。SSD 的前端网络是新添加的卷积层，需要进行简单的初始化（一般是 Xavier）。在上述两个步骤的基础上，将整个网络在检测数据集 PASCAL VOC 上进行进一步的训练，该步骤也叫微调。目前绝大部分检测算法是上面这种思路（大型分类数据集预训练+小型检测数据集微调），这样做主要是因为分类数据集图像丰富，通过在其上预训练之后得到的参数比直接初始化的效果更好，算法可以收敛得更快。这得到了大量研究工作的证明。

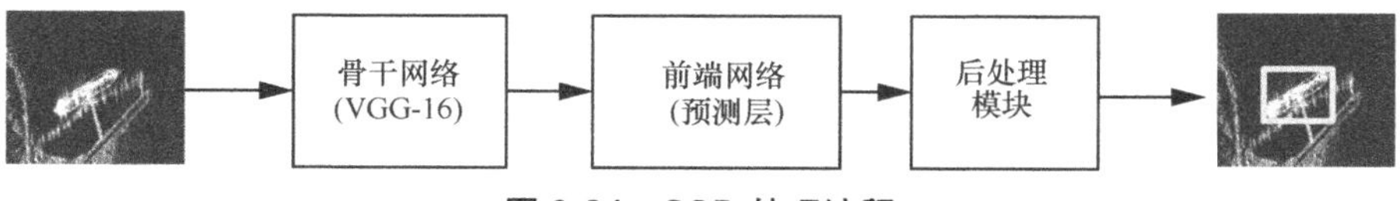

图 3-24　SSD 处理流程

这种迁移学习可以使检测算法更好地初始化，解决检测数据集样本不足的问题。虽然其在目标检测任务上表现较好，但是会存在以下问题。

第一，存在学习偏差。分类任务与检测任务之间的损失函数和类别分布是不一样的，分类任务一般是 Softmax 损失函数，检测任务一般在分类损失的基础上增加位置回归损失。而且分类任务的类别一般会比检测任务的类别多很多，且分类数据集一般是单图单物体，检测数据集是单图多物体。

第二，分类任务与检测任务之间存在矛盾。分类任务要求变换不变性，即不管图像中的目标位置和尺寸怎么变化，好的分类算法的识别结果都是不应该变的。而检测任务不一样，检测任务包括分类和定位两个子任务，其中定位任务需要变换可变性，即当物体尺度和位置等变化时，预测结果也应该发生变化。

第三，大部分 CNN 是专门为分类任务设计的。经典的 CNN 结构（如 LeNet、AlexNet、VGG、Inception 系列、ResNet、DenseNet、ShuffleNet、MobileNet 等）都是为了分类任务而设计的，将它们用于检测任务是否最优还有待商榷。另外，上述 CNN 的特征图的尺寸会逐渐减小，并丢失位置信息，这对于定位是不利的。

第四，失去了设计 CNN 结构的灵活性。加载的预训练之后的 CNN 一般是一些经典的、容易获取的网络，改变它们的结构就无法加载预训练参数。研究人员如果想设计适合自己具体任务的 CNN，在保证有效的基础上，还需要在 ImageNet 上进行预训练，时间代价与计算资源是一般人难以承受的。

第五，模型参数冗余。现有的骨干网络基本上是针对 RGB 三通道图像设计的，对于医学图像、遥感图像这些单通道的数据而言，参数存在较大程度的冗余，这会大大地增加计算量。

针对以上问题，近年来有少数研究人员对从头训练的检测算法进行了研究。从头训练的检测算法的骨干网络无须加载分类任务上预训练之后的模型参数，只需常规的初始化（Xavier）即可实现在检测数据集上的成功训练，得到的模型不仅有较高的准确率，而且模型尺寸和计算量会极大地降低。

3.6.2 精心设计 CNN 实现从头训练

伊利诺伊大学厄巴纳-香槟分校（UIUC）的沈志强博士从 2017 年至今发表了 4 篇相关论文，他是较早进行这方面研究的人员，相关论文中公开了代码。这些论文的主要思想是通过精心设计骨干网络和前端网络，可以实现从头训练，得到的检测算法参数量大大减少，且精度不低于当时最先进的检测算法。

深监督目标检测算法（Deeply Supervised Object Detector，DSOD）论文中总结了设计骨干网络的 4 个原则：单阶段、密集预测结构、瓶颈单元、深监督。从头训练的 DSOD 得到了非常有竞争性的准确率，相比于 SSD、Faster R-CNN 和 R-FCN，在 PASCAL VOC 2007、PASCAL VOC 2012 和 MS COCO 数据集上，从头训练的 DSOD 只需要 1/2、1/4 和 1/10 的参数量。但相比于加载预训练模型的算法，从头训练的检测算法的收敛会慢很多。

GRP-DSOD 在 DSOD 的基础上，设计了新的网络结构，可以动态调整中间层对于不同尺寸目标的监督信号强度。其优点体现在两个方面：第一，提出了循环（递归）特征金字塔结构来融合丰富的空间和语义特征到单个预测层，这减少了需要学习的参数量（DSOD 的预测层需要学习 1/2，这里仅需要学习 1/3），因此提出的模型更适合从头训练，可以比 DSOD 收敛得更快（这需要 DSOD 一般的迭代次数）；第二，引入新的门控预测策略来自适应地增强或者减弱不同尺寸目标的监督信息，因此这个方法更适合检测小尺寸目标。GRP-DSOD 是当时效果最好的从头训练的检测算法，在只用 PASCAL VOC 数据集进行训练时，得到了非常好的性能，比一些在 ImageNet 预训练过的算法性能还好。

传统的骨干网络通过多个下采样会产生较大的感受野，这对于分类任务是有用的，但是分辨率的降低不利于对物体的定位，例如 VGG16 和 ResNet。为了解决这一问题，DetNet 的特征图在保证较大感受野的同时保留了较高的空间分辨率，它是专门为检测任务设计的 CNN，且实现了从头训练的目的。

3.6.3　从头训练的本质

ScratchDet 和 Rethinking 的提出者对从头训练的检测算法的本质进行了深入的研究，得到的结论非常具有指导意义。

ScratchDet 是中国科学院自动化研究所张士峰等人提出的。针对之前从头训练的检测算法存在的精度稍差和训练时间较长的问题，他们提出在各层采用 BN 的策略，同时增大学习率，这可使从头训练的检测算法更加稳健，收敛更快。同时在 ResNet-18 的基础上，他们提出了专门用于检测任务的骨干网络 Root-ResNet，它用 3 个堆叠的 3×3 卷积代替 7×7 卷积，并去掉了最前面的最大池化层，减小了信息损失。

Rethinking 相关论文的作者让人们重新审视目标检测任务上的“预训练+微调”流程，指出从头训练其实是完全可行的。作者采用 Mask R-CNN+ResNeXt+FPN 在 COCO 数据集上从头训练，不需要任何额外的数据，与 COCO 2017 用 ImageNet 预训练模型最好的性能相当。作者通过实验得到了以下几点结论。

第一，ImageNet 预训练加快了收敛速度，尤其是在训练早期，但是随机初始化的训练可以在训练后赶上，其训练时间大致相当于 ImageNet 预训练加上微调计算的总时间，因为检测算法必须学习预训练提供的低/中阶特征（如边、纹理）。由于在研究目标任务（检测任务）时经常忽略 ImageNet 预训练的成本，会有使用预训练能缩短时间成本的假象，这同时忽略了随机初始化训练方法的真正作用。

第二，如果有足够的目标数据和计算资源，预训练是不需要的。ImageNet 可以帮助加快收敛速度，但不一定能提高精度，除非目标数据集太小。如果数据集规模足够大，则可以直接对目标数据进行训练。在未来的研究中，收集目标数据（而不是预训练数据）的标注信息对于改善目标任务的表现是更有帮助的。

第三，如果考虑数据收集和清理数据的成本，一个通用的大规模分类数据集并不是理想的选择，在目标域（检测）上收集数据将会是更有效的做法。因为收集诸如 ImageNet 这样大数据集的成本被忽略掉了，而在数据集上进行预训练的成本也是很高的（分类模型需要多个 GPU 在 ImageNet 训练一周才能收敛）。

第四，当目标任务是对空间定位进行预测时，ImageNet 预训练没有显示出任何好处。当从头开始训练时，高重叠区域的精度会明显改善。ImageNet 式的基于分类的预训练与定位敏感任务之间的差距会限制预训练带来的好处。

结果表明，当没有足够的目标数据或计算资源使目标任务的训练可行时，ImageNet 预训练是一种非常重要的解决方案。

3.7　检测任务中的级联设计

3.7.1　传统的级联检测算法

复杂的分类器往往具有更强的分类能力，能够获得更好的分类准确度，但是分类时的计算代价比较高，而简单的分类器虽然计算代价小，但是分类准确度也较低。VJ 人脸检测算法使用了一种分类器级联策略来实现高效的人脸检测。它把多个分类器级联在一起，从前往后，分类器的复杂程度和计算代价逐渐增大，对于给定的一个窗口，先由排在最前面也最简单的分类器对其进行分类，如果这个窗口被分为非人脸窗口，那么就不再送到后面的分类器，直接排除，否则就送到下一级分类器继续进行判别，直到其被排除，或者被所有的分类器都分为人脸窗口，如图 3-25 所示。每经过一级分类器，下一级分类器所需要判别的窗口就会减少，从而只需要用较少的计算量就可排除大部分非人脸窗口。

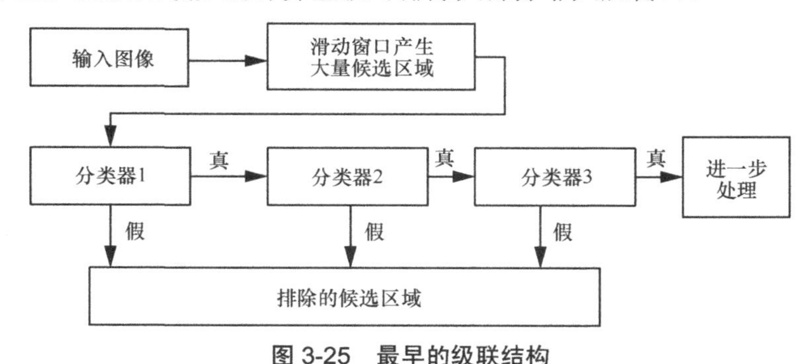

图 3-25　最早的级联结构

3.7.2　深度学习下的级联检测

（1）Faster R-CNN 中的两步级联

双阶段方法包括两部分：第一步是生成若干个稀疏的候选框，第二步是进一步分类和回归，即使用卷积网络确定准确的物体区域和相应的类别标签。Faster

R-CNN 的第一个步骤是在 RPN 生成候选窗口，完成目标和背景的区分以及边框的粗回归；第二个步骤可以看成 Fast R-CNN，即在第一步生成的边框的基础上对其类别进行判定，并通过精准回归输出边框的位置（相对于锚框的偏移量）。相比一阶段算法，这种两阶段算法有 3 个优点：第一，采用带采样启发式的两阶段结构处理类不平衡问题；第二，使用两步级联回归物体框参数；第三，使用两阶段特征描述物体。RefineDet 正是借鉴了双阶段检测算法的两步骤级联操作，其被应用到 SSD 中，同时实现了两步级联的精度和单阶段检测算法的速度。

（2）Cascade R-CNN 中的多步级联

双阶段检测算法会有一个头结构来对每一个候选窗口进行分类和回归。分类时，会根据一个预设的 IoU 门限把每个候选窗口分为正样本或者负样本。在边框回归时，每个被标记为正样本的边框会向其分配的真实边框的方向回归。

在分类中，指定不同的IoU划分正负样本会导致边框回归的行为完全不一样。低 IoU 门限对于低 IoU 的样本有更好的改善，但是其对于高 IoU 的样本就不如高 IoU 门限有用。原因在于不同门限下样本的分布不一致，这就导致同一个门限很难对所有样本都有效。

用来选取正样本的 IoU 阈值是一个超参数，如果这个值太小，会导致很多与真实边框重合度低的框被选中，进而导致检测出很多虚警目标。如果这个值太大，那么正样本就会非常少，导致过拟合，同时，训练和测试使用不一样的阈值会导致评估性能下降。

因此，每个边框回归器仅在其训练时给定的 IoU 阈值下，才对应最佳的检测性能。Cascade R-CNN 可解决以上两个问题。将原来单个的回归器和分类器改成了多个回归器和分类器的级联，将上一级回归器输出的框输入下一级的回归器和分类器。回归器对于输入的框都会有一定程度的修正，这样每一级都会提高框的 IoU，然后输入下一级。这样可以保证每一级的头部都得到足够多的正样本，且正样本的质量逐级提升。于是不同级别的分类器和回归器都在不同的层级上进行训练，并且都能够有足够的正样本，防止过拟合的问题发生。每一级处理后，样本的 IoU 都会变得更大。

Cascade R-CNN 将双阶段的 Faster R-CNN 拓展为多阶段，提出每个阶段（指

RPN 之后的分支）需要针对专门的 IoU 阈值挑选对应的样本用于训练与检测，从而达到最佳性能。

Cascade R-CNN 使用级联回归作为一种重采样的机制，逐阶段提高候选窗口的 IoU 值，从而使得前一个阶段重新采样过的候选窗口能够适应下一个有更高阈值的阶段，且每一个阶段的检测算法都不会过拟合，都有足够数量的满足阈值条件的样本。

在预测时，虽然最开始 RPN 提出的候选窗口质量依然不高，但在每经过一个阶段后质量都会提高。Cascade R-CNN 原论文在 COCO 数据集上做了细致的分析，在多个不同骨干的网络上都可以持续性地提升 3%~4%的平均精准度（Average Precision，AP）。

3.8　多尺度目标检测

3.8.1　问题描述以及常用方法

在计算机视觉中，尺度变化是目标检测的关键挑战之一，物体尺寸变化较大会降低检测算法的性能，尤其是特别小或者特别大的物体。

传统方法多采用多尺度图像金字塔来应对多尺度目标检测的问题。在图像金字塔中，直接对图像进行不同尺度的缩放，然后将这些图像直接输入检测算法中进行检测。虽然这样的方法十分简单，但其效果仍然是最佳的。在手工设计的时代，特征图像金字塔被大量使用，即对不同尺寸的图片提取特征，以满足不同尺度目标的检测要求，提高模型性能。

SPP-Net 将图像金字塔思想用于深度学习检测算法，提出的多尺度测试和训练方法在后续很多算法中得到了应用（虽然存在重复计算的问题）。

在深度学习时代，Faster R-CNN 和 YOLO v1-v2 在最后的特征图上进行目标检测，最后的特征图上语义特征丰富，但是位置信息弱，在其上可以检测到大尺度的目标，但是小尺寸的目标经常会被漏检。由于后面的特征图的步长太大，导致锚框的覆盖密度更低，一般锚框大小由步长决定，以保证锚框在这一层足够密集，能匹配接近锚框大小的所有目标。

特征金字塔尝试在不同尺度的特征图上进行检测，它是简单高效的代表，在深度学习时代得到了广泛的应用。

3.8.2 多尺度训练/测试

原始图片经过 CNN 之后，会形成比原图小数十倍的特征图，导致小物体的特征被忽略。输入更大、更多尺寸的图片进行训练（大尺度输入图像准确率会高，但是计算量和存储量会变大），能够提高检测算法的性能。

多尺度训练/测试最早见于 SPP-Net，训练时，预先定义几个固定的尺度，每个周期随机选择一个尺度进行训练。测试时，生成几个不同尺度的特征图，对每个候选框，在不同的特征图上也有不同的尺度，选择最接近某一固定尺寸（即检测头部的输入尺寸）的候选框作为后续的输入。Faster R-CNN 从多个尺度中随机挑选一个尺度进行训练。在多个尺度下逐一测试，然后融合所有尺度的测试结果，再进行后续处理。YOLOv2 每隔几次迭代就改变输入图像的大小，输入图像尺寸是 416×416，经过 5 次最大池化之后会输出 13×13 的特征图，也就是下采样 32 倍，因此 YOLOv2 采用 32 的倍数作为输入的尺寸，具体采用 320、352、384、416、448、480、512、544、576、608 10 种尺寸。每 10 个周期网络随机选择一个新的图像尺寸大小，将网络调整到该维度，然后继续训练。输入图片大小为 320×320 时，特征图大小为 10×10，输入图片大小为 608×608 时，特征图大小为 19×19。

虽然多尺度训练/测试性能较好，但测试时间仍不可避免地会延长，实际应用不太友好。

3.8.3 特征金字塔融合多层特征

CNN 除了能够表示更高层次的语义之外，它对尺度上的变化也更稳健，从而便于识别在单个输入尺度上计算的特征。如图 3-26 所示，近些年的检测算法大多采用单尺度的特征进行快速的检测。例如 Faster R-CNN 和 YOLO 等，它们都在单一的特征图上进行预测。但即使有了这种鲁棒性，特征金字塔仍然需要得到最精确的结果。ImageNet 和 MS COCO 检测挑战中的所有最新算法都使用了特征金字塔的多尺度测试。

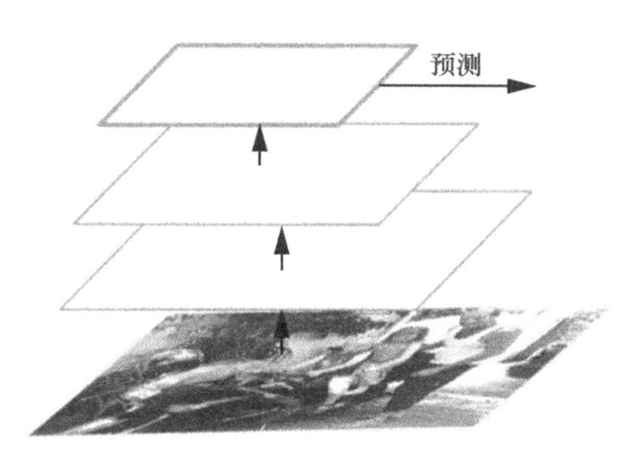

图 3-26 单尺度的特征进行快速检测

虽然特征金字塔网络对传统方法和 CNN 方法都有一定程度的帮助，但它有一个重大的缺陷无法忽视：它带来了极大的计算量和内存需求。因此，现在的检测算法一般在训练时采用单尺度的方式以加速训练，测试时采用多尺度的方式以提升最终的性能。

深层的 CNN 在产生不同空间分辨率的特征图时，也引入了不同深度的语义差异，即高分辨率特征图具有的低层次的特征降低了其对物体的识别能力。

SSD 是第一次尝试使用金字塔特征层次的目标检测算法，如图 3-27 所示。SSD 的金字塔将重用前向传播中计算的来自不同层的多尺度特征图，但是为了避免使用低级特征，SSD 放弃了使用低层特征图，而是从网络的高层开始构建金字塔，然后添加几个新层。SSD 利用了多个特征层分别进行预测。然而，由于低层的语义特征比较弱，在处理小物体（特征一般只出现在较低的特征层）时表现得不够好。

特征金字塔之前也有采用自顶向下和跳跃连接的，它的目标是生成一个单一的高分辨率特征图，在上面进行预测（如图 3-28 所示）。而 FPN 将架构作为一个特征金字塔来利用，在这个金字塔中，预测在每个层次上独立地进行（如图 3-29 所示）。

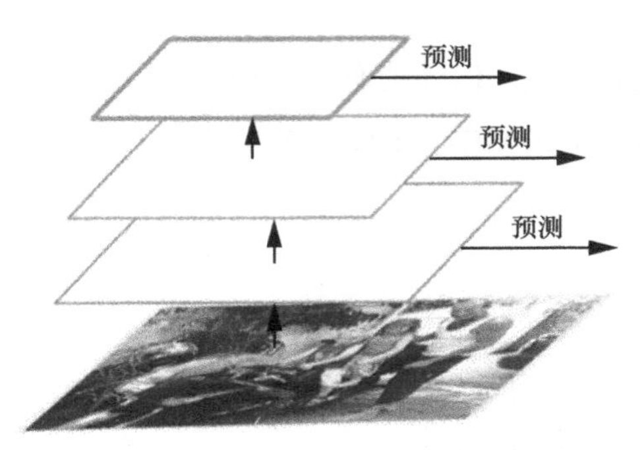

图 3-27　由 CNN 计算的金字塔特征层次

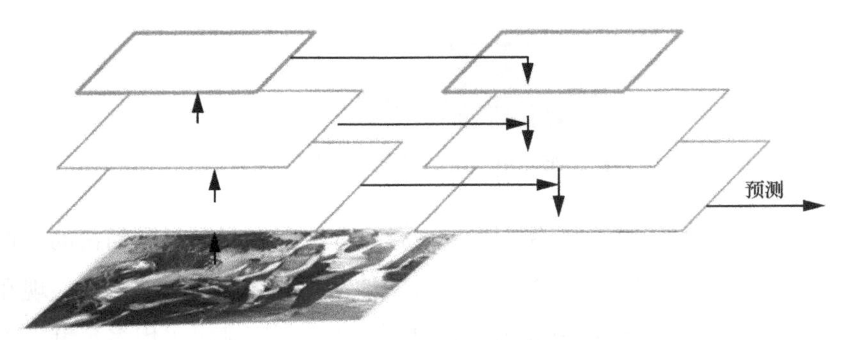

图 3-28　具有跳跃连接的自上而下的体系结构

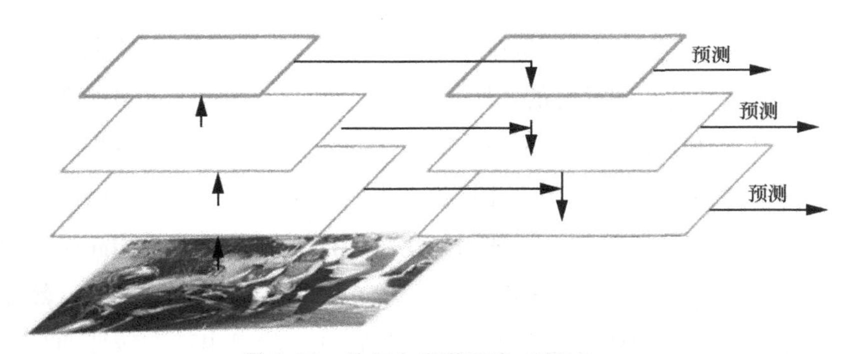

图 3-29　特征金字塔网络（FPN）

FPN 在所有层次上独立进行预测，它利用深度卷积网络本身固有的多尺度、层次结构来构造特征金字塔，它的好处是只会带来极小的额外消耗。FPN 是一个通用的解决方案，是建立在 CNN 内的特征金字塔。

FPN 利用 CNN 的特征层次结构，同时创建一个在所有尺度上都具有强大语义的特征金字塔。为了实现这一目标，FPN 通过自上而下的旁路路径和横向连接将低分辨率、强语义特征与高分辨率、弱语义特征相结合（图 3-29）。产生的效果是在一个特征金字塔的各层级都有丰富的语义，且这可从一个单一尺度的输入图像快速建立。这种方法不会降低模型的特征表达能力，而且计算速度和内存利用效率都得到了提高。

一般来说，较深层次的高级特征对分类子任务更具识别性，而较浅层次的低级特征对物体位置回归子任务更具帮助。此外，低层次特征更适合描述外观简单的物体，而高层次特征更适合描述外观复杂的物体。

FPN 将任意大小的单尺度图像作为输入，并以完全卷积的方式在多个层次上输出特征图，包括一个自下而上的通道、一个自上而下的通道和横向连接。

图 3-30 所示为自下而上的路径示意图，通常有许多层生成相同大小的输出映射，称这些层处于同一网络阶段。对于特征金字塔，为每个阶段定义一个金字塔级别。FPN 简单易用，对准确率的提升效果明显，尤其是小尺寸目标，因此 FPN 得到了广泛的使用和创新。

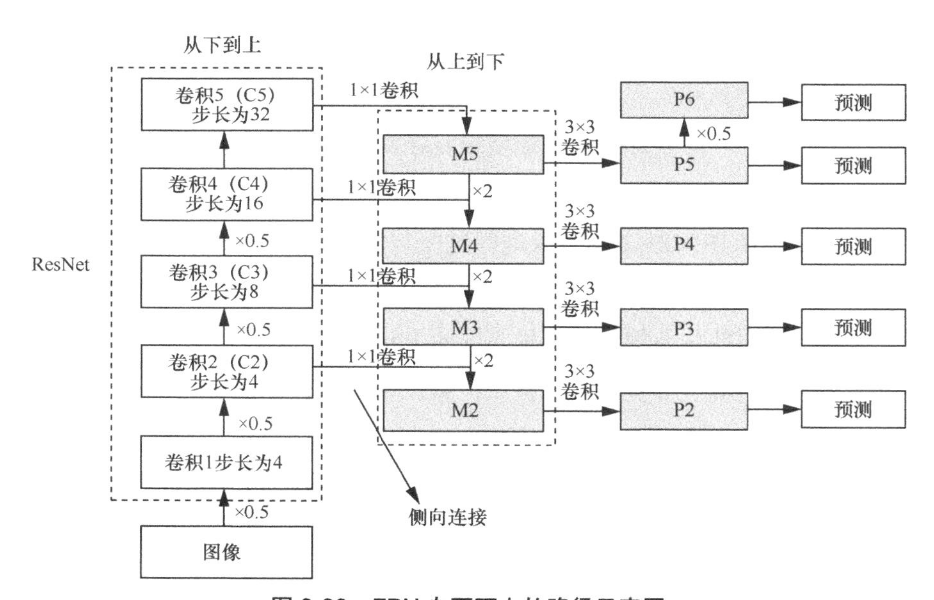

图 3-30　FPN 自下而上的路径示意图

3.8.4 小尺寸目标检测

虽然 CNN 在目标检测领域已经有了飞速发展，但主要是检测图像中较大的目标。当用于检测天空中的飞机、无人机、飞鸟等小尺寸目标时，由于距离较远，这些物体的长和宽在图像中可能只占 1%~5%，CNN 的检测效果特别差。

在 MS COCO 数据集所有训练集包含的物体中，41.43%是小物体，其他是大物体和中等物体。只有大约一半的训练图像中包含小物体，而 70.07%和 82.28%的训练图像中分别包含大物体和中等物体。因此，小物体的样本很少，只有 1.23%的带标注的像素属于小物体，中等物体所占的面积是小物体的 8 倍多，占标注像素总数的 10.18%，而大多数像素被标记为大物体。在这个数据集上训练的任何检测器都看不到足够多的小物体，包括图像和像素。小物体对计算区域建议损失的贡献要小得多，这使得整个网络偏向于大物体和中等物体。

MSCOCO 数据集中包含小物体的图像相对较少，这可能会使任何检测模型偏向于更关注大物体和中等物体。小物体覆盖的面积要小得多，这意味着小物体的位置缺乏多样性，导致目标检测模型很难在测试时推广到小物体，因为它们出现在图像中较少的区域。

可通过在训练期间对这些图像进行过采样来解决包含小物体的图像相对较少的问题。使用小物体对这些图像进行过采样，并通过多次复制粘贴小物体来增强这些图像。复制粘贴小物体有 3 种不同的方法：第一，在一个图像中选取一个小物体，然后在随机位置复制粘贴多次；第二，选择许多小物体，并在任意位置复制粘贴这些物体；第三，将每个图像中的所有小物体随机复制粘贴多次。

基于锚框的检测方法在小尺寸目标检测时存在较大的问题。第一，锚框的最小步长过大，导致忽略大部分中小尺寸的目标，而未忽略的小尺寸目标也仅提取到很少的特征用于检测；第二，小尺寸目标锚框的尺寸和感受野的大小不匹配，小的锚框在进行匹配时会面临更多的负样本。

3.9 检测任务中的不平衡处理策略

3.9.1 双阶段中的不平衡策略

双阶段检测算法通过两个阶段来解决类别不平衡的问题，分别是双阶段级联阶段和有偏批量采样阶段。第一个阶段是候选区域生成机制，可将目标候选区域减少到 1000~2000 个，且选择的候选区域不是随机的，而是与真实目标的位置有关系的，这会去除大量的易分类样本；第二个阶段通过启发式采样，例如固定前景背景比例或者线上难例挖掘，保持正负样本的平衡。

线上难例挖掘（Online Hard Example Mining，OHEM）有两个完全相同的 R-CNN 子网络。其中一个只进行前向传播，主要用于计算损失，寻找难例样本（损失较大的负样本）；另一个则为正常的 R-CNN，以难例作为输入，计算损失并回传梯度，并且将权重复制到进行前向传播的子网络，以使两个分支权重同步。OHEM 以额外的 R-CNN 子网络来改善 RoI 候选框的质量，有效地利用了数据的监督信息，成为两阶段模型提升性能的常用部件之一。

Libra R-CNN 将检测任务中的不平衡问题总结为 3 点，分别是样本级不平衡、特征级不平衡和损失函数级不平衡，这降低了检测算法的性能。这里重点对样本级不平衡进行介绍，重点讲解针对这一问题采用的一些较好的方法。样本级不平衡是由随机采样造成的，虽然 OHEM 是用于难例挖掘的方法，但这种方法受标签噪声影响较大，尤其是面对 COCO 这种相对比较“脏”的数据集。如果是随机采样的话，随机采样的样本与真实的样本之间的 IoU 超过 70%。60%的难例样本在 IoU 大于 0.05 的地方，但是随机采样只提供了 30%的难例样本。这种不平衡把难例样本埋入了成千上万的简单样本里。Libra R-CNN 提出了 IoU 平衡采样，这是一个简单而又高效的难例挖掘方法，不需要额外的计算。假设需要从 M 个相应的候选框采样 N 个负样本，在随机采样下，每个样本被选择的概率为：

$$p = N / M \tag{3-23}$$

为了提高对难例的选择概率，根据 IoU 将样本平均分到 K 个箱内，N 个需要的负样本在每个箱内平均分布，之后从 K 个箱内平均选择样本。因此得到的在 IoU 平衡采样下的选择概率为：

$$p_k = \frac{N}{K} \times \frac{1}{M_k}, \quad k \in [0, K) \tag{3-24}$$

其中，M_k 是在相应的间隔 k 内待采样的样本个数。

IoU 平衡可以引导训练样本的分布，使其更加接近难例样本。

3.9.2 单阶段中的不平衡策略

单阶段检测算法效率较高，流程简单，但是性能比双阶段差，这是因为单阶段检测算法不存在候选区域生成这个步骤，所以存在严重的正负样本不平衡的问题，而大量的简单样本会过度主宰训练过程。具体原因是：第一，造成极度不平衡的正负样本比例，锚框近似于滑窗的方式会使正负样本接近 1000:1，而且绝大部分负样本是简单样本；第二，梯度被易分类样本主宰，虽然易分类样本的损失很低，但由于数量多，对于总体损失的贡献很大，从而导致收敛到不够好的结果，一般可直接降低易分类样本的权重，这样使训练更加偏向于有意义的样本（难例样本）中去。

SSD 通过在训练过程中选择难例样本，将正负比例强制限制为 1:3，这缓解了不平衡问题。SSD 在训练过程中对样本进行了降采样，但是没有重复利用所有样本。SSD 选出了损失较大的样本，但忽略了那些损失较小的简单负样本，虽然这些简单负样本损失很小，但数量多，加起来的损失较大，对最终损失有一定的影响。而焦点损失（Focus Loss）采用了所有负样本，并根据难分类程度将其赋予了不同的权重，且 3:1 的比例比较简单粗暴，一些比较难分类的负样本可能游离于 3:1 之外。焦点损失通过修改交叉熵损失函数在一定程度上解决了这一问题，将训练重点放在一组稀疏的难例样本上，并降低易分类样本的损失权重。焦点损失函数对交叉熵损失进行动态的尺度化，尺度因子随着正确预测类别的置信度的增加从 1 降到 0。尺度因子可在训练过程中自动地降低易分类样本的损失贡献，从而快速让模型聚焦在难例样本。实验结果显示，焦点损失可训练一个更准确的单阶段检测算法，准确度比其他启发式方法或者难例挖掘算法都要好。

梯度协调机制（Gradient Harmonizing Mechanism，GHM）不仅对简单样本做了损失上的抑制，同时对难例样本（离群点）也起到了一定的忽略作用。因为如果模型强行拟合这些离群点，会得到适得其反的效果。GHM 的思想比焦点损失更进一步地解决了样本不平衡的问题，虽然在 MS COCO 数据集上效果提升不大，但是在某些比较“脏”的数据集上，表现较好。

3.10　锚框的轮回

3.10.1　锚框的起源

要了解为什么需要锚框，首先要了解一下在此之前的一些目标检测方法是如何生成候选区域的。候选区域的生成经历了滑动窗口、启发式算法、锚框、无须锚框 4 个阶段。

（1）从滑动窗口到启发式候选窗口生成算法

目标检测的任务是确定什么物体在什么位置。在这个任务中，目标的类别不确定、数量不确定、位置不确定、尺度不确定，传统非深度学习方法和早期深度学习方法要遍历滑窗和金字塔多尺度的方式，逐尺度、逐位置判断每个尺度的每个位置的目标，比较耗时。

启发式候选窗口生成算法包括基于分割和基于似物性两个思路，产生的窗口数量比滑窗法少得多，且有较高的召回率。

可用分割不同区域的办法来识别潜在的物体。在分割的时候，要合并那些在某些方面（如颜色、纹理）类似的小区域。代表算法是用于 R-CNN 的选择性搜索算法，它在一张图像上生成 2000~3000 个候选区域。它计算速度快，具有很高的召回率。

似物性是一个衡量图像窗口包含任一类别物体的指标，该指标的目的是产生一个小规模的候选窗口集，即从图像中根据包含物体的概率大小抽样出一定数目的窗口集合。相比于其他候选区域提取方法，它通过降低搜索空间来提高计算效率，在后端允许使用强分类器进一步提高检测的准确率。2014 年程明明提出的二元标准化梯度（Binarized Normed Gradients，BING）是一种简单又高效的目标检测方法，该方法基于这样一个假设：物体有严格完整的边界轮廓，其梯度与背景有较大的差别。

启发式算法生成的候选窗口具有目的性，比其他网格类候选窗口效果更好，但速度较慢。

（2）从启发式候选窗口生成算法到锚框

锚框（先验框、默认边框）的引入使算法具有更快的速度和更高的精度。自此之后，所有先进的方法都有一组锚框（基于一组平铺的框或通过聚类真实框生成的）。那么什么是锚框呢？在检测任务中，输入图像经过骨干网络提取得到特征图，该图上的每个像素点就是锚点。锚框表示固定的参考框，以每个锚点为中心点，人为设置不同的尺度和长宽比，即可得到基于锚点的多个锚框，用以框定图像中的目标，这就是所谓的锚框机制。锚框技术将问题转换为“这个固定参考框中有没有认识的目标，目标框偏离参考框多远”，不再需要多尺度遍历滑窗。

目前，无论是单阶段检测算法还是双阶段检测算法，都广泛地使用了锚框。双阶段检测算法的第一阶段通常采用 RPN 生成候选框，这是对锚框进行分类和回归的过程，即从锚框到候选框，再到检测边框，大部分单阶段检测算法直接对锚框进行分类和回归，也就是直接从锚框到检测边框。

锚框可用作边界框位置的初始猜测，网络预测的是相对于预设锚框的偏移量。在训练过程中固定锚框形状，神经网络学习回归目标的相对偏移量。锚框的优点可以总结为以下两点：使用锚框机制产生密集的锚框，使得网络可直接在此基础上进行目标分类及边界框坐标回归；密集的锚框可有效地提高网络目标召回能力，对于小目标检测来说提升非常明显。

锚框对目标检测算法的发展起到了非常大的推动作用。

3.10.2 现有检测算法中锚框的设计方法

目前锚框的选择主要有 3 种方式：人为经验选取（Faster、SSD）、*k*-means

聚类（YOLO v2）、作为超参数进行学习。锚框的尺度和长宽比需要预先定义，这是一个对性能影响比较大的超参数，而且针对不同数据集和方法需要单独调整。如果尺度和长宽比设置得不合适，可能会导致召回率不够高，或者锚框过多影响分类性能和速度。大部分的锚框分布在背景区域，对候选框或者检测不会有任何正面作用，预先定义好的锚框形状不一定能满足极端大小或者长宽比悬殊的物体。

Faster R-CNN 在每个滑动位置产生 k 个候选框（k=9 个锚框），每个锚框将滑动窗口作为中心点，采用 3 种尺度和 3 种长宽比，因此对于尺寸为 $W \times H$ 的特征图，一共有 $W \times H \times k$ 个锚框。SSD 的 6 个特征图共产生 8732 个锚框，总数量比 RPN 少了很多，而且小尺度锚框多且密，大尺度锚框少且疏，锚框的尺度范围从 60 到 284，输入图像不用特意放大以检测小目标，计算速度更快。

SSD 相关论文中提到，锚框要根据数据集的具体特点进行针对性的设计。这对于其他数据集而言特别有意义，例如场景文字检测中的图像与遥感中的图像目标尺寸和长宽比，相比于自然图像目标会相差较大，设计针对性的锚框非常有必要，这两个领域对锚框的设计与使用总结得比较好。

锚框机制虽然取得了较大的成功，但是对小目标的效果较差，主要是因为小目标经过多次下采样后特征减少较多，且锚框和感受野的尺寸太大不适合小目标，目标的尺寸和锚框的尺寸不能够完全匹配。

3.10.3 锚框存在的问题

锚框的出现在一段时间内推进了目标检测的精度和速度，但是锚框需要人为凭借经验设计且是离散化的采样，因此会存在以下缺陷。

第一，一般情况下锚框的个数较多，例如 SSD 有 8000 多个锚框，DSSD 有 4 万个锚框、RetinaNet 有 10 万个锚框，这是因为最后边框的确认是依靠锚框和真实边框的 IoU 值的，所以必须放置足够的锚框以保证绝大多数的真实边框能被覆盖。实际上，只有一小部分锚框会与真实边框重叠（尤其是针对遥感图像这种目标稀疏的情形），因此产生了大量的无用锚框，这大大降低了训练效率，很多研究致力于解决这个样本失衡问题。

第二，锚框的使用引入了许多超参数和设计选择，包括框个数、大小和长宽比。超参数需要根据数据集与目标特性进行设计，如果设计不合理，会导致检测性能急剧下降。

3.10.4 不需要锚框的算法

从理论上来讲，锚框并不是必要的，锚框只是使模型更容易训练。不需要锚框的检测算法最早可追溯到2015年的DenseBox和2016年的UnitBox。从2018年至今，又出现了大量的不需要锚框的检测算法，这些算法都在探索如何高效地用点来表示一个边框。其中，CornerNet用目标框的左上和右下两个点来表示，GridR-CNN用$N\times N$个点来表示，ExtremeNet用4个极值点和一个中心点来表示，CenterNet用两个角点和一个中心点来表示，Objects as Points用一个中心点和长宽值来表示，FCOS和FoveaBox以逐像素预测的方式解决检测问题。之后又出现了较多的不需要锚框的成果，在精度与速度上展现了优势，不需要锚框的检测算法已经成为目标检测领域的重要研究方向。

3.11 目标检测的骨干网络设计

目标检测的骨干网络设计可以分成4类，分别是直接采用分类任务的骨干网络、为检测任务设计的且需要预训练的骨干网络、为检测任务设计的不需要预训练的骨干网络、采用NAS的骨干网络。

（1）直接采用分类任务的骨干网络

很长一段时间检测算法采用的用于特征提取的骨干网络都是从识别任务中借鉴过来的，因为最初的检测算法的骨干网络需要在较大的分类数据集上进行预训练，如Faster R-CNN（VGG-16）、SSD（裁剪的VGG-16）、R-FCN（ResNet）、FPN（ResNet）、Mask R-CNN（ResNet）、Light-Head-R-CNN（大型骨干网络是ResNet，小型是Xception145）。新型轻量级网络的出现促进了轻量级检测算法的发展，如Xception、MobileNet v1-v2、ShuffleNet v1-v2、SqueezeNet和SqueezeNext，分别对应的是 Light-Head-RCNN、MobileNet-SSD、MobileNetv2-SSDLite、ShuffleDet 和 SqueezeDet。这些模型是为识别任务设计的，它们会有较大的下采样，这对识别任务中的变换不变性是有益的，但是对于检测这种需要精确位置信息的任务来说是有害的。

（2）为检测任务设计的且需要预训练的骨干网络

分类任务与检测任务不同，直接将分类任务上的 CNN 用于检测是不合适的，有必要针对检测任务专门设计骨干 CNN。但起初的为检测任务而设计的 CNN 主要是从轻量或高效的角度来考虑问题的，并未充分考虑到由识别与定位任务之间的差异导致的 CNN 结构需求的不同，最具有代表性的是 YOLO 的 DarkNet、双阶段的 PVANet 和单阶段的 Pelee。它们的骨干网络在 ImageNet 预训练之后均要在检测数据集上微调。

（3）为检测任务设计的不需要预训练的骨干网络

为检测任务设计的不需要预训练的骨干网络有 DSOD、GRP-DSOD、Tiny-DSOD、DetNet、Scratchdet 和 ThunderNet 等，它们是从头训练的，不需要预训练，在初始化之后，可直接在检测数据集上训练。它们在设计时考虑了识别任务与检测任务存在矛盾的问题。

（4）采用 NAS 的骨干网络

将 NAS 用于检测是大势所趋。DetNAS 是首个通过搜索来设计检测算法骨干网络的方法，它在 COCO 和 FPN 检测算法上取得了比 ResNet-101 好很多的性能。为了在速度与精度之间得到较好的权衡，将 NAS 用于目标检测骨干网络设计是未来研究的重点。

3.12　检测算法加速

在移动设备上的实时目标检测是计算机视觉领域关键而具有挑战性的工作。与服务器级 GPU 相比，移动设备计算能力有限，对检测算法的计算量要求较高。但是当前 CNN 检测算法需要较大的资源（计算和存储），需要大量的计算来实现理想的检测准确率，这阻碍了检测算法在移动场景中的实时推理（预测）的应用。

3.12.1 检测流程的加速

在目标检测算法的各个阶段中，特征提取阶段计算量最大。对于滑动窗口检测算法，在位置（相邻窗口交叠较大）和尺度上（相邻尺度特征是相关的）都有非常大的重复计算。最常用的减少空间重复计算的方法是特征图共享计算，例如不通过滑动窗口，而是只在原图上进行一次计算来得到整个图像的特征图。特征图共享计算的思想也被广泛应用于基于卷积的检测算法中。大多数基于 CNN 的检测算法，如 SPP-Net、Fast R-CNN 和 Faster R-CNN，采用了类似的想法，这些想法已经实现了数十倍甚至数百倍的加速。构建“检测金字塔”是另一种避免尺度计算冗余的方法，即构建检测金字塔可以避免计算冗余，例如通过在一个特征图上滑动多个检测算法来检测不同尺度的物体，而不是传统的重新缩放图像或特征。

级联检测是检测算法中常用的技术，它通过由粗到精的思想，先用简单的计算来滤除大部分简单的背景窗，之后用复杂的算法来处理剩下的难样本。近些年，级联检测也被用于基于深度学习的检测算法，尤其是那种在大场景图像中有小目标的情形（例如人脸检测、行人检测、遥感图像舰船检测）。除了加速的功能，级联检测还能提高对难例样本的检测效果，同时也能提高定位精度。

R-CNN、SPP-Net、Fast R-CNN、Faster R-CNN、R-FCN、Light-Head R-CNN 体现了检测流程的演化，它们的特征逐渐采用了共享的策略，网络结构变得更薄，速度越来越快。R-CNN 反复将一个 CNN 应用于 RoI 引入了许多冗余的计算；Fast R-CNN 通过在图像上应用一个完全卷积的 CNN，并直接从每个 RoI 的特征图中提取特征来解决这个问题；Faster R-CNN 用区域建议网络取代低水平视觉算法，进一步提高了效率；R-FCN 用全卷积网络取代了昂贵的全连接子检测网络；Light-Head R-CNN 则通过应用可分离卷积来降低 R-FCN 的成本，从而在 RoI 汇集之前减少特征图中的通道数。

3.12.2 检测算法的轻量级网络

从网络结构的角度，基于 CNN 的检测算法可以分成用于提取图像特征的骨干部分和用于检测图像中实例的检测部分。下面从这两个角度介绍检测算法的加速。

检测算法的骨干网络一般是从分类任务借鉴而来的，基于 CNN 的检测算法通常采用图像分类网络作为主干，最先进的检测算法倾向于利用较大的分类网络，这需要大量的计算成本。

轻量检测算法受益于小型网络的成果。例如，SqueezeDet 首先使用叠加卷积核提取输入图像的高维、低分辨率特征图；然后，使用卷积层将特征图作为输入，计算大量的物体边界框，并预测它们的类别；最后，过滤这些边界框以获得最终检测。网络的骨干是 SqueezeNet，它实现了 AlexNet 级别的 ImageNet 精度，模型大小小于 5MB，可以进一步压缩到 0.5MB。得益于较小的模型大小，其内存占用更小，需要的动态随机存取存储器访问更少，因此它在 Titan x GPU 上的每张图像仅消耗 1.4J 的能量。PVANet 在 Faster R-CNN 的特征提取部分进行了改进，设计原则是更少的通道、更多的层，并采用了其他一些模块，使设计的网络深而薄，通过批量规范化、残差连接和学习速率调度进行训练。另一种加速检测算法的方法是直接设计一个轻量级网络，而不是使用现成的检测网络，如分解卷积、组卷积、深度可分离卷积、瓶颈设计和神经结构搜索。

检测头部分的加速可以分成双阶段和单阶段两类。双阶段检测算法检测部分一般包含 RPN 和检测头，RPN 首先产生 RoI，之后 RoI 通过检测头进行进一步的调整。先进的检测算法采用较笨重的检测部分（Faster R-CNN 和 R-FCN）才能得到较好的结果，但是这对于移动设备是不允许的。Light-Head R-CNN 采用轻量级检测头，在 GPU 得到了实时的检测性能。单阶段检测算法直接预测边框和类的概率。它们的检测部分由生成预测的附加层组成，附加层计算较少。因此，单阶段检测算法易实现实时检测。但由于单阶段检测算法不进行逐个 RoI 的特征提取和识别，因此其结果往往比双阶段检测算法结果差。

3.13 自然场景文字检测

自然场景文字是指街道名牌、商店标志、产品包装和餐厅菜单等自然环境中的文本。在计算机视觉领域，自然场景文字检测引起了很大关注，因为它可以被广泛应用于各种场景，如实时的文本翻译、自动信息输入、盲人助手、购物、智能汽车、教育、机器感知、微信图片文字监控等。

自然场景文字检测是指通过检测算法标出自然场景图像中的文字实例的过程。传统的光学字符识别技术只能处理打印文档或名片上的文本，在应对复杂图文场景的文字识别问题时显得力不从心，而场景文本检测试图检测复杂场景中的各种文本。

总体而言，场景文本检测存在以下 3 个方面的重大挑战。

- 场景文字的多样性：如文字的颜色、大小、方向、语言和字体存在差异，文本行形状和方向多样（水平、垂直、倾斜、曲线等）。
- 图像背景的干扰：日常生活中随处可见的信号灯、指示标、栅栏、屋顶、窗户、砖块、花草等，从局部来看与文字有一定的相似性，这给文字检测与识别过程带来了很大干扰。
- 图像本身的成像过程：如拍摄的照片存在噪声、模糊、非均匀光照（强反光、阴影）、低分辨率、局部遮挡等问题，这对于算法的检测和识别而言也是非常大的挑战。

2014 年之后的自然场景文字检测算法基本上是基于深度学习的方法。算法主要从通用物体检测中汲取灵感，如 CTPN、RRPN 是对双阶段检测算法 Faster R-CNN 的改进，TextBoxes 和 Seglink 是对单阶段检测算法 SSD 的改进。检测方法也可分为基于边界框回归的方法、基于分割的方法和组合方法，基于边界框回归的方法是场景文本检测中最常用的方法，它将文本视为一般物体直接估计其边界框，该方法进一步分为单阶段方法（TextBox、TextBoxes++、DMPNet、SegLink 和 EAST 等）和双阶段方法（R2CNN、RRPN 和 IncepText 等）。

3.14　遥感图像目标检测

随着通用目标检测算法在自然图像上取得非常好的性能，很多研究人员尝试将其应用于遥感图像目标检测，如图 3-31 所示。比较有代表性的是武汉大学夏劲松团队的 DOTA 数据集及其相关工作。DOTA 数据集包含 2806 张航空图像，图片尺寸大约为 4000×4000，包含 15 个类别共 188282 个实例。其标注方式为用 4 个点确定任意形状和方向的四边形。

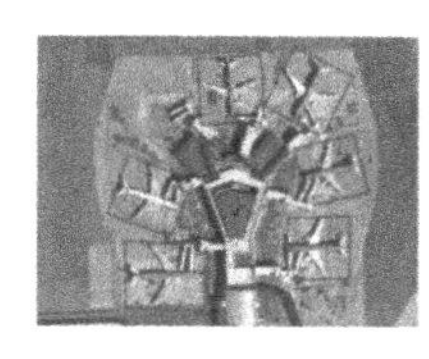 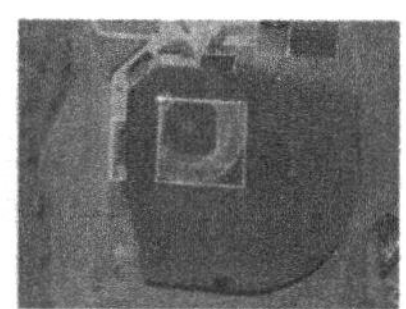 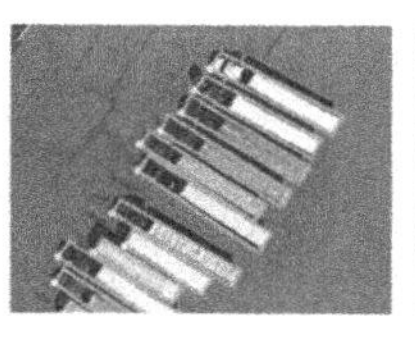 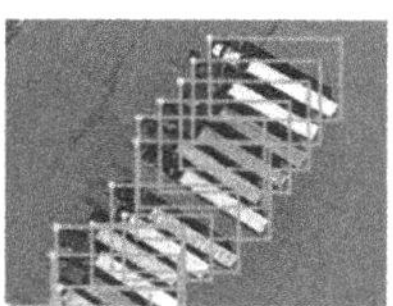

图 3-31　遥感图像目标检测示意图

遥感图像的图片尺寸较大，目标稀疏且尺度变化性更大（如车辆和机场，而且很可能一张大图中就一个目标，一个小区域反而有很多密集目标），图像通道个数一般为 1，目标长宽比不像自然图像中的物体普遍为 1，因此将通用目标检测算法用于这个领域需要特殊考虑。

DOTA 数据集标记 4 个顶点 8 个坐标得到不规则四边形。具体是，首先标注出一个初始点(x_1, y_1)，然后顺时针方向依次标注。初始点一般选择物体的头部，如果是海港这样没有明显视觉形状的物体，选择左上角为第一个点。基于 DOTA 数据集举办的竞赛包含两个任务：任务 1 采用斜框对目标进行定位，任务 2 采用垂直边框对目标进行定位。斜框检测采用的算法可以借鉴自然场景文字检测的相关算法，只需要根据数据集的特点，重新设计锚框即可。

合成孔径雷达（Synthetic Aperture Radar，SAR）图像在军事和民用领域用途广泛。随着深度学习近几年在计算机视觉（Computer Vision，CV）领域的突破，SAR 图像舰船目标检测领域的研究人员也开始采用这些深度学习的方法。

现有的深度学习的目标检测算法都是对日常生活中的照片的物体进行检测，而 SAR 图像与这些图像具有很大的区别：成像机理不一样；拍摄角度不一样；SAR 图像对观测角度极度敏感；SAR 图像目标稀疏且尺寸小，输入图像巨大，有相干斑噪声，训练数据相对缺乏。

2017 年李健伟建立了国内第一个用于训练和测试基于深度学习的 SAR 图像舰船目标检测算法的数据集——SAR 舰船检测数据集（SAR Ship Detection Dataset，SSDD），并给出了一些算法的检测效果，证明了深度学习检测算法用于 SAR 图像舰船目标检测的可行性。之后中国科学院以及电子科技大学又分别构建了

4个更大的数据集——SAR-Ship-Dataset、AIR-SARShip-1.0、HRSID和LS-SSDD-v1.0。

近几年，虽然随着深度学习的引入，SAR图像目标检测得到了快速的发展。但是还存在一些问题：①过多地从可见光图像的角度来考虑问题，而未考虑SAR图像及舰船目标的特性，如背景强散射杂波的不均匀性，目标的不完整性、十字旁瓣模糊和临近目标干扰等特性；②加载预训练模型问题较多。SAR图像是单通道的，光学图像是三通道的，直接借用计算机视觉算法需要将SAR图像复制成三通道，导致造成大量的重复计算。而且骨干网络还要加载在光学图像数据集预训练的模型参数，这些参数不一定适用于SAR图像领域。因此SAR图像目标检测在从计算机视觉领域借鉴灵感的同时，也要考虑SAR图像的实际特点。

3.15 常用数据集和评价指标

PASCAL VOC和MS COCO是目标检测常用的数据集。PASCAL VOC对早期目标检测算法的发展起到了非常大的作用，但是该数据集相对简单，算法性能提升有限，因此MS COCO成为目标检测算法评测的重点。MS COCO是继ImageNet以来最有影响力的数据集，其检测任务共含有80个类，2017年发布的检测数据集训练集有118287个图像，验证集有5000个图像，测试集有40670个图像。MS COCO的每类含有更多实例，分布也较均衡，每张图片包含更多类和更多的物体，且小物体相对较多。在MS COCO的训练集中，41.4%是小物体，34.4%和24.2%是大物体和中物体，且只有大约一半的训练图像包含小物体，而70.07%和82.28%的训练图像包含大中型物体，见表3-1。

表3-1 MS COCO中大、中、小目标的定义及占比（单位：像素）

对比项	最小矩形面积	最大矩形面积	占比
小物体	0×0	32×32	41.4%
中物体	32×32	96×96	34.4%
大物体	96×96	∞	24.2%

目标检测算法常用的评价指标是AP，AP是指P-R曲线下的面积，一般分类器性能越好，AP值越高。PASCAL VOC的AP表示当IoU=0.5时AP的数值（写

作 AP@.5），再对所有类取平局，得到的是 mAP，m 的意思是对每个类的 AP 再求平均。MS COCO 的 AP 表示 IoU 从 0.5 到 0.95 以 0.05 为间隔进行采样时对应的 AP 大小的平均值，它是在不同的 IoU 和所有类的条件下计算的 AP，得到的是 mmAP，多出来的 m 是不同的 IoU 下取平均的意思。

参考文献

[1] TIAN Z, SHEN C H, CHEN H, et al. FCOS: fully convolutional one-stage object detection[C]//Proceedings of 2019 IEEE/CVF International Conference on Computer Vision. Piscataway: IEEE Press, 2019: 9626-9635.

[2] FELZENSZWALB P F, GIRSHICK R B, MCALLESTER D, et al. Object detection with discriminatively trained part-based models[J]. IEEE Transactions on Pattern Analysis and Machine Intelligence, 2010, 32(9): 1627-1645.

[3] GIRSHICK R, DONAHUE J, DARRELL T, et al. Rich feature hierarchies for accurate object detection and semantic segmentation[C]//Proceedings of 2014 IEEE Conference on Computer Vision and Pattern Recognition. Piscataway: IEEE Press, 2014: 580-587.

[4] HE K M, ZHANG X Y, REN S Q, et al. Spatial pyramid pooling in deep convolutional networks for visual recognition[J]. IEEE Transactions on Pattern Analysis and Machine Intelligence, 2015, 37(9): 1904-1916.

[5] GIRSHICK R. Fast R-CNN[C]//Proceedings of 2015 IEEE International Conference on Computer Vision (ICCV). Piscataway: IEEE Press, 2015: 1440-1448.

[6] REN S Q, HE K M, GIRSHICK R, et al. Faster R-CNN: towards real-time object detection with region proposal networks[J]. IEEE Transactions on Pattern Analysis and Machine Intelligence, 2017, 39(6): 1137-1149.

[7] DAI J F, LI Y, HE K M, et al. R-FCN: object detection via region-based fully convolutional networks[J]. arXiv preprint, 2016, arXiv: 1605.06409.

[8] LIN T Y, DOLLÁR P, GIRSHICK R, et al. Feature pyramid networks for object detection[C]//Proceedings of 2017 IEEE Conference on Computer Vision and Pattern Recognition. Piscataway: IEEE Press, 2017: 936-944.

[9] LI Z M, PENG C, YU G, et al. Light-head R-CNN: in defense of two-stage object detector[J]. arXiv preprint, 2017, arXiv: 1711.07264.

[10] HE K M, GKIOXARI G, DOLLÁR P, et al. Mask R-CNN[J]. IEEE Transactions on Pattern

Analysis and Machine Intelligence, 2020, 42(2): 386-397.

[11] LI Z M, PENG C, YU G, et al. DetNet: a backbone network for object detection[J]. arXiv preprint, 2018, arXiv:1804.06215v2.

[12] SERMANET P, EIGEN D, ZHANG X, et al. OverFeat: integrated recognition, localization and detection using convolutional networks[J]. arXiv preprint, 2013, arXiv:1312.6229v1.

[13] REDMON J, DIVVALA S, GIRSHICK R, et al. You only look once: unified, real-time object detection[C]//Proceedings of 2016 IEEE Conference on Computer Vision and Pattern Recognition. Piscataway: IEEE Press, 2016: 779-788.

[14] REDMON J, FARHADI A. YOLO9000: better, faster, stronger[C]//Proceedings of 2017 IEEE Conference on Computer Vision and Pattern Recognition. Piscataway: IEEE Press, 2017: 6517-6525.

[15] REDMON J, FARHADI A. YOLOv3: an incremental improvement[J]. arXiv preprint, 2018, arXiv:1804.02767.

[16] LIU W, ANGUELOV D, ERHAN D, et al. SSD: single shot MultiBox detector[M]//Computer Vision – ECCV 2016. Cham: Springer International Publishing, 2016: 21-37.

[17] LI Z X, ZHOU F Q. FSSD: feature fusion single shot multibox detector[J]. arXiv preprint, 2017, arXiv:1712.00960.

[18] FU C Y, LIU W, RANGA A, et al. DSSD: deconvolutional single shot detector[J]. arXiv preprint, 2017, arXiv: 1701.06659.

[19] ZHANG S F, WEN L Y, BIAN X, et al. Single-shot refinement neural network for object detection[C]//Proceedings of 2018 IEEE/CVF Conference on Computer Vision and Pattern Recognition. Piscataway: IEEE Press, 2018: 4203-4212.

[20] WOO S, HWANG S, KWEON I S. StairNet: top-down semantic aggregation for accurate one shot detection[C]//Proceedings of 2018 IEEE Winter Conference on Applications of Computer Vision. [S.l.:s.n.], 2018: 1093-1102.

[21] LIN T Y, GOYAL P, GIRSHICK R, et al. Focal loss for dense object detection[J]. IEEE Transactions on Pattern Analysis and Machine Intelligence, 2020, 42(2): 318-327.

[22] SHEN Z Q, LIU Z, LI J G, et al. DSOD: learning deeply supervised object detectors from scratch[J]. arXiv preprint, 2017, arXiv: 1708.01241.

[23] SHEN Z Q, SHI H H, YU J H, et al. Improving object detection from scratch via gated feature reuse[J]. arXiv preprint, 2017, arXiv: 1712.00886.

[24] UIJLINGS J R R, VAN DE SANDE K E A, GEVERS T, et al. Selective search for object recognition[J]. International Journal of Computer Vision, 2013, 104(2): 154-171.

[25] LE T H N, ZHENG Y T, ZHU C C, et al. Multiple scale faster-RCNN approach to driver's

cell-phone usage and hands on steering wheel detection[C]//Proceedings of 2016 IEEE Conference on Computer Vision and Pattern Recognition Workshops. Piscataway: IEEE Press, 2016: 46-53.

[26] 桑军，郭沛，项志立，等. Faster-RCNN 的车型识别分析[J]. 重庆大学学报，2017, 40(7): 32-36.

[27] ZHAO X T, LI W, ZHANG Y F, et al. A faster RCNN-based pedestrian detection system[C]//Proceedings of 2016 IEEE 84th Vehicular Technology Conference. Piscataway: IEEE Press, 2016: 1-5.

[28] KONG T, YAO A B, CHEN Y R, et al. HyperNet: towards accurate region proposal generation and joint object detection[C]//Proceedings of 2016 IEEE Conference on Computer Vision and Pattern Recognition. Piscataway: IEEE Press, 2016: 845-853.

[29] LIU W, RABINOVICH A, BERG A C. ParseNet: looking wider to see better[J]. arXiv preprint, 2015, arXiv:1506.04579.

[30] HARIHARAN B, ARBELÁEZ P, GIRSHICK R, et al. Hypercolumns for object segmentation and fine-grained localization[C]//Proceedings of 2015 IEEE Conference on Computer Vision and Pattern Recognition. Piscataway: IEEE Press, 2015: 447-456.

[31] YANG B, YAN J J, LEI Z, et al. CRAFT objects from images[C]//Proceedings of 2016 IEEE Conference on Computer Vision and Pattern Recognition. Piscataway: IEEE Press, 2016: 6043-6051.

[32] CAI Z W, FAN Q F, FERIS R S, et al. A unified multi-scale deep convolutional neural network for fast object detection[M]//Computer Vision-ECCV 2016. Cham: Springer, 2016: 354-370.

[33] HONG S, ROH B, KIM K H, et al. PVANet: lightweight deep neural networks for real-time object detection[J]. arXiv preprint, 2016, arXiv: 1611.08588.

[34] WANG X L, SHRIVASTAVA A, GUPTA A. A-fast-RCNN: hard positive generation via adversary for object detection[C]//Proceedings of 2017 IEEE Conference on Computer Vision and Pattern Recognition. Piscataway: IEEE Press, 2017: 3039-3048.

[35] ZHU Y S, ZHAO C Y, WANG J Q, et al. CoupleNet: coupling global structure with local parts for object detection[C]//Proceedings of 2017 IEEE International Conference on Computer Vision. Piscataway: IEEE Press, 2017: 4146-4154.

[36] PENG C, XIAO T T, LI Z M, et al. MegDet: a large mini-batch object detector[J]. arXiv preprint, 2017, arXiv: 1711.07240.

[37] BELL S, ZITNICK C L, BALA K, et al. Inside-outside net: detecting objects in context with skip pooling and recurrent neural networks[C]//Proceedings of 2016 IEEE Conference on Computer Vision and Pattern Recognition. Piscataway: IEEE Press, 2016: 2874-2883.

[38] ERHAN D, SZEGEDY C, TOSHEV A, et al. Scalable object detection using deep neural networks[C]//Proceedings of 2014 IEEE Conference on Computer Vision and Pattern Recognition. Piscataway: IEEE Press, 2014: 2155-2162.

[39] ZHANG Z S, QIAO S Y, XIE C H, et al. Single-shot object detection with enriched semantics[C]//Proceedings of 2018 IEEE/CVF Conference on Computer Vision and Pattern Recognition. Piscataway: IEEE Press, 2018: 5813-5821.

[40] WU X W, SAHOO D, ZHANG D X, et al. Single-shot bidirectional pyramid networks for high-quality object detection[J]. Neurocomputing, 2020, 401: 1-9.

[41] LIU S T, HUANG D, WANG Y H. Receptive field block net for accurate and fast object detection[M]//Computer Vision – ECCV 2018. Cham: Springer, 2018: 404-419.

[42] XIE X M, CAO G M, YANG W Z, et al. Feature-fused SSD: fast detection for small objects[C]//Proceedings of 9th International Conference on Graphic and Image Processing. [S.l.:s.n.], 2018.

[43] ZHANG J L, WU X W, HOI S C H, et al. Feature agglomeration networks for single stage face detection[J]. Neurocomputing, 2020, 380: 180-189.

[44] KONG T, SUN F C, YAO A B, et al. RON: reverse connection with objectness prior networks for object detection[C]//Proceedings of 2017 IEEE Conference on Computer Vision and Pattern Recognition. Piscataway: IEEE Press, 2017: 5244-5252.

[45] JIANG Y Y, ZHU X Y, WANG X B, et al. R2CNN: rotational region CNN for orientation robust scene text detection[J]. arXiv preprint, 2017, arXiv: 1706.09579.

[46] LIU L, PAN Z X, LEI B. Learning a rotation invariant detector with rotatable bounding box[J]. arXiv preprint, 2017, arXiv: 1711.09405.

[47] SHRIVASTAVA A, GUPTA A, GIRSHICK R. Training region-based object detectors with online hard example mining[C]//Proceedings of 2016 IEEE Conference on Computer Vision and Pattern Recognition. Piscataway: IEEE Press, 2016: 761-769.

[48] KISANTAL M, WOJNA Z, MURAWSKI J, et al. Augmentation for small object detection[J]. arXiv preprint, 2019, arXiv:1902.07296v1.

第4章
基于深度学习的图像语义分割算法

图像语义分割是计算机视觉领域中常见的一项任务，目前它也进入了深度学习时代。本章对图像语义分割的任务简介、研究难点以及常用的算法进行了介绍，重点介绍了 FCN、U-Net、DeepLab 和 ENet 分割算法原理，以期帮助读者快速了解基于深度学习的图像分割算法原理与现状。

4.1 图像语义分割简介

图像语义分割是在像素的层面理解图像，是从输入图像到输出相同尺寸的语义标签的过程，它给图像中每个像素分配一个类别标签，将图像分割成具有不同意义的区域。

如图 4-1 所示，在图像语义分割任务中，每一个像素被归类为预先定义的类别集合之一（如猫或者狗等），以至于属于同一类别的像素属于图片中一个唯一的语义实体（如猫或者狗），而语义分割不区分实例，即不同实例中的表示猫的像素为相同类别的像素。

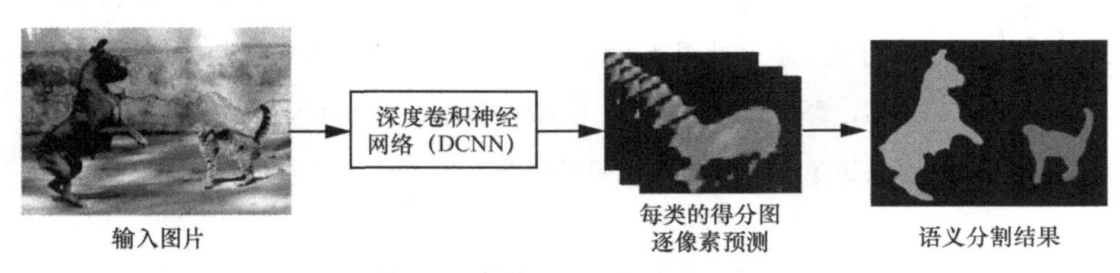

图 4-1 图像语义分割实现过程

需要注意的是，语义分割任务中的语义不仅仅取决于数据，还取决于需要被解决的问题。例如，在行人检测系统中，人的整个身体应该属于同种类别集合的分割，然而在行为识别系统中，身体的不同部位被分割成不同的类别集合，此外还有部分图像分割任务主要关注的是场景中最重要的目标。目前图像语义分割被广泛应用于无人驾驶、医学图像处理、行人检测、交通监控、卫星图像和指纹识别等场景。

4.2 语义分割研究难点

语义分割是一项密集预测任务，其需要预测每个像素的类别从而实现实体分割，也就是说它需要从高级语义信息和局部位置信息中学习目标的轮廓、位置和类别。提取高级特征的强大泛化能力使得图像分类和检测任务取得较好的效果，但伴随泛化而来的局部位置信息损失则为密集预测任务增加了难度。在经过深度卷积神经网络编码结构中的下采样后，图像特征丢失了大量的空间信息，解码结构中的上采样虽然可以恢复图像分辨率，但不能找回池化与卷积过程中丢失的大部分空间信息。为了得到较高精确度的语义分割结果，现有的方法一般从像素的分类和定位两个方面来提升网络的性能：一是提高网络特征提取能力，提升像素分类准确率；二是减少空间位置信息的损失，提高定位准确度。

在语义分割任务中，像素分类的研究难点有：①语义关系不匹配，如将河上的“船”预测为“车”；②容易混淆相近类别的目标，如“墙”和“房子”；③对尺度差异大的目标识别能力弱；④当同类目标具有不同表现形态时，容易将其分类成多类目标；⑤当不同类目标具有相似特征时，容易将其分类成同类目标。在语义分割任务中，像素定位的研究难点是：由于空间位置信息的损失，目标边缘分割不准确，且小目标难以检测。

当同一幅图像中的不同类别或实例的像素不均衡时，不同物体分割的难度也不一样。在大多数情况下，直接在训练模型后面接一个 Softmax 函数，然后进行交叉熵训练，但是这样训练出来的模型是建立在每一个物体类别的像素数及每个物体的分割难度相差不大的假设下的。往往样本少的、结构复杂、不好分割的类别（如沙发、自行车、椅子等）效果会比较差，导致整体结果方差相对较大。

这些难点都与不同感受野获取的全局信息和语境关系有关联，也与数据集的质量有关。因此，一个拥有适当场景全景信息的深度网络或拥有高质量的数据集可以大大提高场景解析的能力。

4.3 语义分割算法模型

4.3.1 全卷积网络基础算法：FCN 算法

（1）FCN 算法介绍

全卷积网络（Fully Convolutional Networks，FCN）算法通过端对端训练的方式来实现图片像素级分割。FCN 经过有效的训练后，可以输入任意尺寸的图片，并输出与输入相同尺寸大小的分割图。

FCN 算法是在分类网络结构基础上改进而得到的全卷积语义分割算法。通常的图像目标分类网络中包含的全连接层具有固定的维度，丢失了图像目标空间坐标信息，因此分类网络的输入图片尺寸固定且输出不包含图像目标空间位置信息。实际上，全连接层可以等价于具有与其输入特征相同尺寸的卷积核的卷积层，通过将全连接层转换成等效的卷积层得到全卷积网络，则可以实现任意尺寸的图像输入。利用全卷积网络对高层语义信息进行卷积可以得到含有像素类别信息的分割热点图，该图表示某个像素属于某一类的概率，然后输出类别图。与此同时，全卷积网络可以对整张图片进行训练，若输入为图像块，则一张图像中各个图像块的重叠部分平摊了大量的计算量，相对于基于图像块的网络，基于整张图片训练的网络的计算量和网络参数大大减少。利用全连接网络对一张尺寸为 227×227 的图片进行分类需要 1.2ms，而利用全卷积网络对尺寸为 500×500 的图片进行分割进而得到 10×10 的分类结果图需要 22ms，也就是说，对尺寸为 500×500 的图像进行语义分割得到 100 个类别的分类结果需要 22ms，即得到一个类别的分类结果的时间为 0.22ms，与使用全连接网络得到一个类别的分类结果相比，时间缩短了约 82%。

FCN 算法的实现过程为：将分类网络进行监督预训练得到的网络参数应用于全卷积网络中，并利用原始图像和相对应的语义分割标签对改进后的全卷积网络进行学习，网络通过后向传播对所有的网络层进行微调。此外，FCN 算法中设计了一个跳跃结构，该结构能够结合来自深层的包含粗糙位置信息的语义信息特征和来自浅层的包含精细位置信息的表面信息特征。在进行端对端的微调时，FCN 算法利用跳跃结构将不同层的特征进行融合，得到一个非线性的包含局部至全局范围特征信息的特征代表算子，有助于产生更加准确和更加精细的分割结果。

（2）FCN 算法网络结构

图 4-2 所示为 FCN 结构，该卷积网络中每一层的数据都是一个尺寸为 $h \times w \times d$ 的三维阵列，其中，h 和 w 代表的是空间维度，d 代表的是特征维度或通道维度。第一层数据是输入图片，其中，$h \times w$ 为像素尺寸，d 为颜色通道数，输入图像位置与高层网络相对应的位置路径相通。

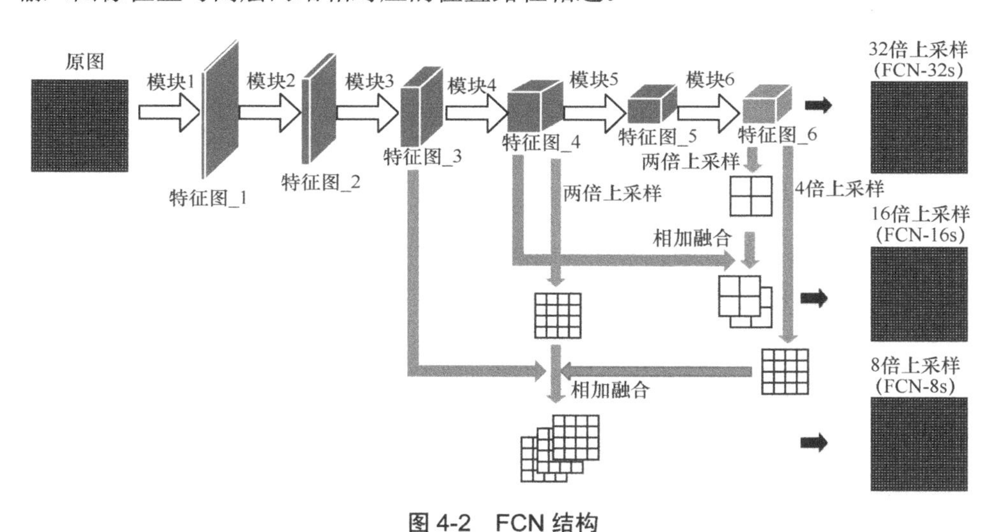

图 4-2　FCN 结构

如图 4-3 所示，其反映了不同网络层特征图对输入原图的感受野的大小。卷积网络具有平移不变性，卷积层的基本组成部分为卷积、池化和激活函数，卷积层利用相关的空间坐标对局部的输入区域进行相关的处理操作。

FCN 算法共包含 6 个模块，除了模块 6 中仅包含两个卷积层，其余每一个模块中均包含多个卷积层和一个对图像特征进行两倍下采样同时增大特征图厚度的最大池化层。当主干网络为 VGG-16 时，模块 1 和模块 2 均由两个卷积核为 3×3、步长为 1 的卷积层和一个池化核为 2×2、步长为 2 的最大池化层组成；模块 3、模块 4 和模块 5 均由 3 个卷积核为 3×3、步长为 1 的卷积层和一个池化核为 2×2、步长为 2 的最大池化层组成。从模块 1 到模块 4 的过程中，特征图厚度逐渐增倍，模块 4 之后保持不变。当分别在第 3、4 和 5 个模块中增加一个卷积层后，该主干网络变成了模型 VGG-19。FCN-VGG-16 网络比 FCN-VGG-19 网络参数更少，但分割性能相同。

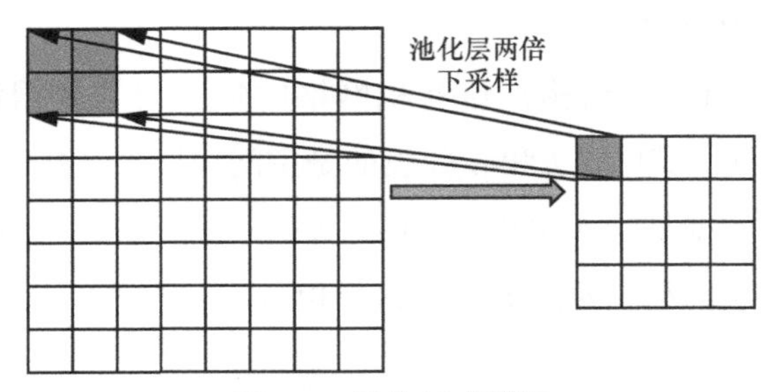

图 4-3　池化层感受野

模块 6 中的第二个卷积层的输出是与输入图像尺寸相比压缩了约 97%的特征输出，预测前的特征损失了大量的图像空间位置信息，尺寸缩小为输入图像尺寸的 1/32，经过一次 32 倍的上采样后得到预测结果，这个网络被称为 FCN-32s。

在 FCN-32s 输出 32 倍上采样预测前进行一次两倍的上采样，将特征尺寸增加一倍；然后，在第四个模块的顶部添加一个 1×1 的卷积层，将产生的特征与第一步产生的特征进行融合；最后对融合后的特征进行一次 16 倍的上采样预测。这个网络被称为 FCN-16s，该网络的初始化参数为 FCN-32s 的参数。

该跳跃结构有效地提高了网络的性能，使得 FCN-16s 在验证集上得到 62.4 分的 Mean IoU。将仅从第四个池化层得到的特征与融合后的特征进行比较，第四个池化层具有较差的特征性能，与仅减少学习率而不添加跳跃结构时相比，性能得到了较为显著的提升，但没有提升输出的质量。

将模块 4 的输出特征与模块 6 输出的两倍上采样特征进行融合得到的 FCN-16s 特征结果再次进行两倍上采样，并进一步与模块 3 分支的特征结果进行融合，最后进行一次 8 倍的上采样预测，建立了 FCN-8s 网络。分割性能的 Mean IoU 增加到 62.7 分，在输出平滑和细节方面实现了轻微的提升。因为此次融合在强调大尺度正确率的 IoU 指标和性能方面提升较小，所以在此之后网络没有继续融合更低层的特征图。

（3）跳跃结构

FCN 尽管可以通过微调全卷积分类器实现图像的语义分割，且在标准评估像素准确度上得到较高分数，但 FCN-8s 网络 32 倍上采样输出，分割预测输出十分粗糙，限制了上采样输出的空间细节信息。

算法的主要问题在于锐度损失，这是由网络中的下采样操作造成的。在卷积神经网络中，下采样是一个常用的操作。采用下采样的第一个目的是减少特征量，因为大量的特征会得到大量的卷积特征向量，使得分类器要对大量的输入特征进行学习，容易出现过拟合的现象；第二个目的是利用下采样实现不同区域特征的聚拢提取，通过提高卷积核的感知区域，使下采样特征在可以充分代表输入图像的同时，减少分类器输入特征的数量。在下采样操作中，随着网络深层激活的特征图尺寸的减少，对特征图进行卷积的卷积核实际上对应于一个原始图上的更大的区域。然而，在对输入图片进行下采样操作的同时损失了图像的精确位置信息。在全卷积模型中，因为高层网络更关注丰富的语义信息和更粗糙的边界信息，而更低的网络层输出特征具有更加精细的空间位置信息，所以浅层网络的输出特征图是有意义的。FCN 通过在网络中增加跳跃连接来改善分割输出空间信息粗糙的问题，跳跃连接把一个线性的拓扑结构变成了一个有向无环图。该有向无环图包含从底层到高层的跳跃边缘，将最后的预测层和具有详细空间位置信息的低层特征图进行结合。在不损害全局结构的同时，结合精细层和粗糙层让模型实现了图像更加精确的分割预测。

4.3.2　编码-解码结构算法：U-Net 算法

U-Net 网络由一个收缩路径和一个扩展路径组成，收缩路径与扩展路径相对应的网络层之间具有跳跃连接结构。收缩路径中不同网络层包含不同细腻程度位置信息的特征图，扩展路径中不同网络层包含不同语义信息丰富程度的上采样特征图，而跳跃连接结构则结合了不同网络层中具有不同深度的语义抽象信息和不同细腻程度的位置信息，实现了包含密集位置信息的特征图与包含丰富语义信息的特征图之间的融合，在实现像素分类的同时，提高了像素定位的准确度，进一步提升了图像目标的语义分割精确度。随着网络深度的增加，激活图逐渐更加关注抽象信息，而线性跳跃连接被用于提升大量网络层之间的梯度流动。

此外，扩展路径中的上采样部分具有大量的特征通道，有助于向后续具有更高分辨率的网络层进行上下文信息的传播，实现像素的精确预测。U-Net 改善了由于目标图像块大小尺寸不一、小尺寸目标图像块上下文信息较少以及池化层图像目标位置信息损失导致的定位精确度和上下文信息之间不平衡的问题。最后，U-Net 提出使用加权损失函数，为分离接触细胞的背景标签赋予一个大的权重，从而实现对相同类别的接触目标之间的分离。

如图 4-4 所示，U-Net 由一个收缩路径（左边结构）和一个扩展路径（右边结构）组成。这个收缩路径模仿典型的卷积网络结构，由重复的 3×3 卷积层组成，每一个卷积层后连接一个修正线性单元和一个步长为 2 的 2×2 最大池化层实现图像下采样，并在每一个下采样步骤中将特征通道的数量翻倍。在扩展路径的每一个恢复图像特征尺寸的模块中，包含一个 2×2 的特征图上采样层，后接一个级联层以及两个 3×3 的卷积层和两个 ReLU 激活层，这个 2×2 上采样层将特征通道减半，级联层将上采样层输出与来自压缩路径相对应的特征图进行级联，每一个 3×3 卷积层后面连接一个 ReLU 激活层。由于每一个卷积层都存在边界像素损失问题，来自压缩路径的特征图需要进行剪裁操作。网络的最后一层为一个 1×1 卷积层，将每个包含 64 个分量的特征向量分配到该像素预测的类别标签中，该类别标签数字代表像素的种类。

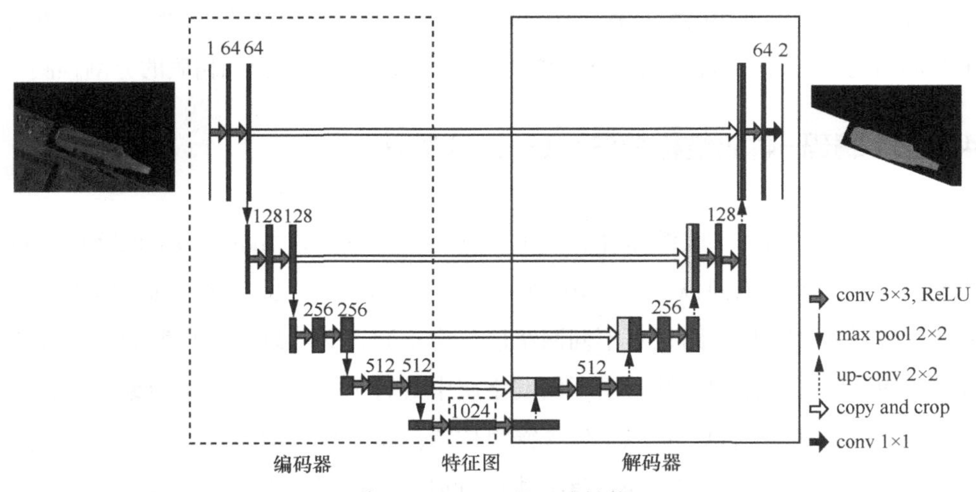

图 4-4 U-Net 的网络结构

当仅拥有少量训练样本时，数据增强对于训练网络的期望不变性和稳健性来说至关重要。由于医学图像分割任务中可得到的训练数据非常少，在生物体组织中，细胞常常存在各种形状变化的情况，通常借助弹性变形可以有效地模仿现实中细胞形状的变化，通过弹性形变的数据增强方法可以得到更多的可训练的图片，同时有助于网络学习目标变形的不变性。

针对医学显微图像，主要使用移位、旋转、变形和灰度值变化的数据增强方法，尤其需要在训练时对随机训练样本进行弹性变形，因此数据增强是训练具有非常少量标注图像分割网络的关键步骤。

4.3.3　空洞卷积的应用：DeepLab 系列

（1）DeepLab 框架

与可以实现端到端训练的 FCN 算法和 U-Net 算法网络不同，DeepLab 是一个基于深度卷积网络的分阶段训练的新型算法框架。与 FCN 算法相似，DeepLab 框架直接对像素特征算子进行训练。为了在 FCN 算法的基础上进一步提升分割的密集程度，提出在网络中使用条件随机场后处理方法来更好地利用像素之间的上下文关系，将具有高层不变属性的深度卷积网络与具有精确定位性能的全连接条件随机场（Conditional Random Field，CRF）相结合。在 DeepLab 框架之前，条件随机场已经被广泛地用于传统的图像分割和边缘检测任务的研究中，有助于得到图像特征的上下文信息。CNN 和密集连接 CRF 进行结合可以用来解决材料分类预测的问题，也可以进行算法的系统性评估。作为一个提议机制，CRF 被用于基于深度卷积神经网络的重新排序系统中，也被用于借助图形切割进行离散推理的工作中，将超像素视为局部成对条件随机场节点，但是忽略了远距离的超像素依赖，降低了超像素计算的准确度。

图 4-5 所示为 DeepLab 框架整体结构，当对框架输入一张含有分割目标的图片时，输出为与输入图片相同尺寸的分割图。DeepLab 框架由一个深度卷积神经网络、双线性差值算法以及全连接条件随机场级联组成。框架中的深度卷积神经网络由 VGG 模型或 ResNet 模型改进而来，通过引入空洞算法，在扩大感受野的同时提高图像特征分辨率，从而实现图像密集预测，提高分割准确度。

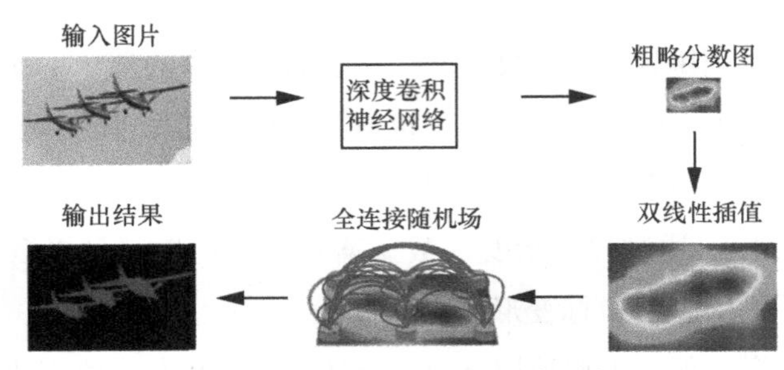

图 4-5　DeepLab 框架整体结构

（2）全连接条件随机场的应用

具有多个最大池化层的深度卷积模型在分类任务中应用十分成功，然而，由于深度卷积模型提升的不变性和网络顶层节点增大的感受野仅可以产生平滑的响应，CNN 分数图可以预测目标的存在以及大致的位置，但是不能准确地勾勒它们的边界。基于 CNN 识别能力与全连接 CRF 的细颗粒定位能力的结合在像素定位挑战上取得了显著的进步，有助于恢复更加详细的目标边界，产生精确的语义分割结果。

条件随机场是一个无向判别概率图形模型，经常被用来解决排序学习问题。与离散的分类器不同，当分类一个样本时，条件随机场会考虑其他相邻样本的标签。图像分割可以被看成一个像素分类的序列。一个像素的标签不仅取决于它自己的值，还取决于相邻像素的值。因此，这样的概率图模型经常被用在图像分割领域。

因为短距离 CRF 的主要功能是清理基于局部手动特征的弱分类器的伪预测，所以条件随机场经常被应用于平滑噪声分割图。通常这些模型连接相邻的节点，支持对近端像素分配相同标签，忽视了长距离依赖。

与弱分类器不同，CNN 结构帮助产生分数图和语义标签预测图。分数图与语义标签预测图不同，分数图通常十分平滑并且产生同质的分类结果，展示了每个像素的类别概率。因为语义分割任务的目标应该是恢复密集的局部结构而不是进一步平滑它，所以使用短距离 CRF 可能是不利的。将局部范围的 CRF 与对比明显的像素颜色值相结合可以潜在地提升定位性能，但是会使得网络结构变得更加复杂，并且通常要求解决离散优化问题，较大地增加了计算量。

为了克服短距离 CRF 的这些限制，将全连接 CRF 模型整合进系统中。这个模型应用了能量函数：

$$E(x)=\sum_i \theta_i(x_i)+\sum_{ij}\theta_{ij}(x_i,x_j) \tag{4-1}$$

其中，x 是分配给像素的标签。使用一元潜能 $\theta_i(x_i)=-\log P(x_i)$，$P(x_i)$ 是由 DCNN 计算的在像素 i 上的标签分配概率。成对的潜能表达式为 $\theta_{ij}(x_i,x_j)=\mu(x_i,x_j)\sum_{m=1}^{k}\omega_m\cdot k^m(f_i,f_j)$，当 $x_i\neq x_j$ 时，$\mu(x_i,x_j)=1$，否则，$\mu(x_i,x_j)=0$。图像里的每一对像素 i 和 j 都是一对项，无论它们之间的距离有多远。这个模型的因子图是全连接的。每一个 k^m 都是高斯核，取决于像素对 i 和 j 提取的特征（表示为 f），并且权重由参数 ω_m 表示。采用双边定位以及颜色项，这些核表示为：

$$\omega_1\exp\left(-\frac{\|p_i-p_j\|^2}{2\sigma_\alpha^2}-\frac{\|I_i-I_j\|^2}{2\sigma_\beta^2}\right)+\omega_2\exp\left(-\frac{\|p_i-p_j\|^2}{2\sigma_\gamma^2}\right) \tag{4-2}$$

其中，第一个核与两个像素空间位置（表示为 p）、像素颜色强度（表示为 I）有关，当增强平滑度时，第二个核仅与像素空间位置有关。超参数 σ_α、σ_β 和 α_γ 控制了高斯核的尺寸。

（3）空洞卷积的应用

空洞卷积不仅提高了特征图的分辨率，也扩大了图像的感受野，使得网络可以得到更多的上下文信息。网络层上卷积核的尺寸决定了网络的感受响应区域。当更小的卷积核提取局部信息时，更大的卷积核尽量关注更多的情景信息。然而，更大的卷积核通常具有更多的参数。例如一个 6×6 的感受区域有 36 个神经元。为了减少卷积网络中参数的数量，可以通过更高层的池化技术减少网络参数，同时使感受野提高。当一张图像被一个步长为 2 的 2×2 的池化核池化后，图像尺寸减少到 25%；再经过一个 3×3 的卷积层，此时得到的特征对应于一个在原图中的尺寸为 6×6 的感受野，此时需要 13 个神经元，其中池化层需要 4 个神经元，卷积层需要 9 个神经元。然而，在分割过程中，池化产生了新的问题：图像尺寸的减少使得图像损失部分空间细节信息，当减小的图片被扩大到原始图像尺寸进行分割时，导致图像目标锐度的损失。为了在增大感受野的同时保持图像分辨率，空洞卷积起到了至关重要的作用。空洞卷积在没有增加参数的同时，扩大了感受野。如图 4-6 所示，一个空洞卷积率为 2，即空洞因子为 1 的 3×3 的卷积核在图像中 5×5 的区域进行操作。核的每一行和每一列有 3 个神经元，分别与图像的值相乘，卷积时，图像相邻像素被空洞因子为 1 的“洞”隔开，使得卷积核可以覆盖更大的区域，同时保持较低数量的神经元，保存较高质量的图像锐度。空洞卷积可以实现网络任意层、任意分辨率的特征响应，当网络训练好后，它也可以实现与训练的无缝整合。除了 DeepLab 算法，空洞卷积也被应用于基于自动编码的算法中。

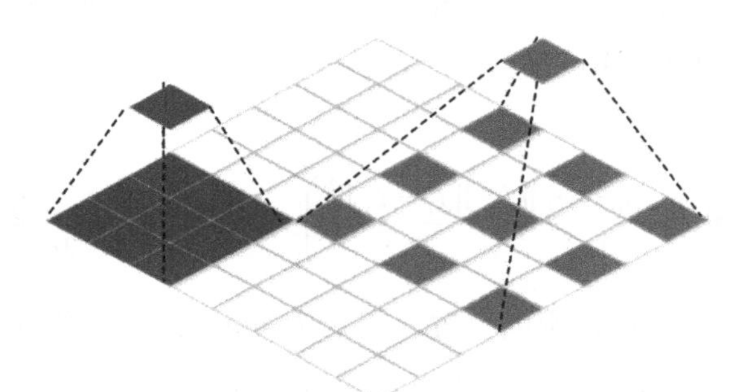

图 4-6　空洞卷积操作

当对一维信号进行空洞卷积时，一个一维输入信号 $x[i]$ 和长度为 K 的一个滤波器 $\omega[k]$ 的空洞卷积的输出 $y[i]$ 被定义如下：

$$y[i]=\sum_{k=1}^{K}x[i+r\cdot k]\omega[k] \tag{4-3}$$

参数 r 与网络对输入信号进行采样的跨度相对应。标准的卷积是空洞卷积率 $r=1$（即卷积核尺寸为 3）的普通卷积。图 4-7 所示为空洞卷积在一维特征数据上的卷积操作，图 4-7（a）中所示为当卷积核尺寸为 3、空洞卷积率为 1、卷积步长为 1、填充为 1、感受野为 3 时的卷积操作，图 4-7（b）为当卷积核尺寸为 3、空洞卷积率为 2、卷积步长为 1、填充为 2、感受野为 5 时的卷积操作。

当对二维信号进行空洞卷积时，一个二维特征图 x 和长度为 K 的一个滤波器 $\omega[k]$ 的空洞卷积的输出 $y[i]$ 被定义如下：

$$y[i]=\sum_{k=1}^{K}x[i+r\cdot k]\omega[k] \tag{4-4}$$

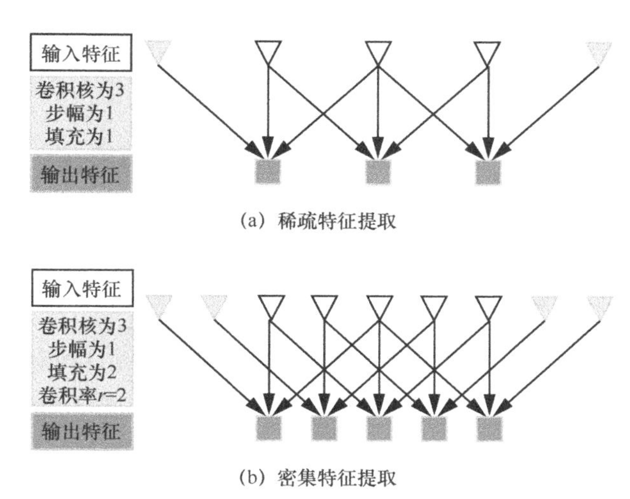

图 4-7　空洞卷积在一维特征数据上的卷积操作

其中，空洞卷积率 r 与滤波器步长相对应，用滤波器步长对输入信号进行采样，空洞卷积中空洞的意思是滤波器元素之间具有空元素。图 4-8 所示为卷积核大小为 3×3，空洞卷积率分别为 1、2、3 的滤波器，标准的卷积是空洞卷积率 $r=1$ 的滤波器，并且空洞卷积使我们能够通过改变空洞卷积率的值来适应性地改变滤波器的感受野。

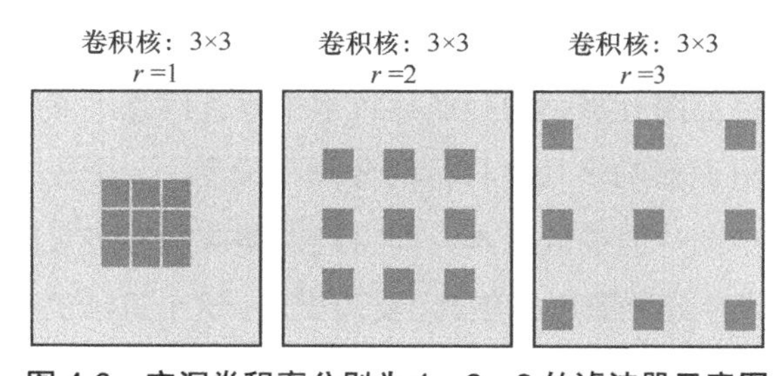

图 4-8　空洞卷积率分别为 1、2、3 的滤波器示意图

（4）DeepLab V1 算法

DeepLab V1 算法是 DeepLab 框架中第一个将深度卷积神经网络与全连接 CRF 进行级联来实现自然场景图像语义分割的算法。DeepLab V1 算法利用一个全连接条件随机场来帮助算法提取精细的目标边缘信息，全连接条件随机场利用了像素长范围间的依赖关系来获得更加精确的位置信息。为了改善深度卷积神经

网络中连续的最大池化层导致图像特征分辨率降低的状况，DeepLab V1 算法引用了空洞卷积，利用空洞卷积在增大图像感受野的同时不降低图像特征的分辨率，大的图像感受野有助于分类，而图像特征分辨率的提高有助于增加图像目标的空间位置信息，从而提高图像目标的定位精度。DeepLab V1 算法在 PASCAL VOC2012 数据集上获得了更好的分割性能。

（5）DeepLab V2 算法

DeepLab V2 算法是 DeepLab 框架下的第二个算法。与 DeepLabV1 算法相同，DeepLab V2 算法使用 CNN 进行分类，均引用了空洞卷积来改善图像特征分辨率降低导致的分割结果粗糙问题，进一步强调了空洞卷积对密集预测的影响。与 DeepLab V1 算法相同，DeepLab V2 算法利用条件随机场对网络生成的粗略分割进行预测（平滑、模糊的热图），提高目标边界的定位精度。与 DeepLab V1 算法不同，除了使用 VGGNet 模型，DeepLab V2 还使用 ResNet 模型作为骨干网络，分别研究 VGGNet 模型、ResNet 模型对分割性能的影响。此外，DeepLab V2 算法提出了一个空洞空间金字塔池化（Atrous Spatial Pyramid Pooling，ASPP）模型来更加高效地分割多尺度目标。DeepLab V2 算法在 DeepLab V1 算法的基础上，进一步解决了由于多尺度目标的存在造成的密集预测问题。当目标尺度相差较大时，网络可能对大尺度目标的感受野不够大，导致目标上下文信息获取不足，而对于小尺寸目标，特征图分辨率的降低导致本来位置信息不够多的小目标损失了大部分位置信息，进而影响多尺度目标的分割精确度。一个较为普遍的解决方法是向 CNN 输入同一图片的缩放版本，即将经过缩放后的多尺度图像作为网络的输入，然后将特征或者分数图进行整合。实验表明，这个方法的确增大了 DeepLab 系列算法的性能，但是输入图像的多尺度版本给 CNN 所有网络层的特征响应带来了非常多的计算量。受空间金字塔池化的启发，DeepLab V2 算法提出了一个有效减少计算量的方案，即在卷积之前对浅层特征以多个不同的比率进行重新采样。这与具有多个缩放版本的输入图像网络原理相同，包含补充的多个有效的感受野，因此捕捉了多个尺度的目标以及有用的图像上下文信息。DeepLabV2 算法的这项技术叫作空洞空间金字塔池化，使用多个具有不同采样率的平行的空洞卷积层有效地实现了这个映射。

（6）DeepLab V3 算法

DeepLab V3 算法是 DeepLab 框架下的第三个算法，该算法主要针对前两个算法中都使用到的空洞卷积进行研究。空洞卷积是一个非常有用的工具，可以明确地调整滤波器的感受野，并控制语义分割深度卷积神经网络中特征响应的分辨率，该算法对使用多个空洞卷积率的空洞卷积串联和并行模型进行研究，分别研究其对多尺度目标分割的影响。与此同时，DeepLab V3 算法提出对 DeepLab V2 算法中的空间金字塔池化模型进行改进：增加了批正则化层，减少过拟合，增加了一个 1×1 卷积层和一个全局平均池化层，从而增加全局上下文信息；探究了多个尺度的卷积特征，有助于得到图像层特征编码全局上下文信息，进一步提升了性能。与 DeepLab V1 算法和 DeepLab V2 算法不同，DeepLab V3 算法没有 DenseCRF 后处理步骤，并进一步提高了 DeepLab 系列的性能。

4.4 图像实时语义分割

4.4.1 实时语义分割简介

随着实际可穿戴设备、家庭自动设备、自动驾驶、视频监控和机器人感应等领域对实时性的强大需求，人们越来越追求高质量的、边界分割精准的语义分割系统，需要语义分割算法（或者视觉场景理解）在低能移动设备中进行实时操作，实时像素级语义分割的能力在移动应用中变得至关重要。近几年，更大的数据集和计算能力强大的机器使得卷积神经网络（CNN）的性能超过了一些常规的计算机视觉算法。尽管 CNN 在分类任务上的性能得到不断提升，但是对于实时性需求较大的深度神经网络算法来说存在精确度与实时性难以平衡的问题：深度神经网络要求大量的浮点操作，长运行时间阻碍了网络的实时使用性。大量的计算负担限制了 CNN 在移动设备上密集预测任务中的应用。那些需要大量资源的深度神经网络不适合计算能力受限的移动平台（例如无人机、机器人和智能手机等）。

与此同时，现有的语义分割算法存在像素分类和空间精细定位难以平衡的问题。在尽可能平衡图像像素的准确分类和空间精细定位的分割算法中，需要强大的编码和解码功能，当需要以超过 10fps 的频率处理图像的移动时，这些算法达不到要求。ENet 算法是针对低延迟操作任务而提出的一个新颖的深度神经网络结构，具有快速推理和高准确度的优势。

4.4.2 ENet 算法

（1）ENet 算法介绍

ENet 算法的目标是语义分割的快速实现，在考虑分割精确度的同时，还要考虑分割的实时性能。语义分割的基本网络结构为编码–解码结构，即通过下采样实现像素级的分类，上采样实现图像目标的定位。要想提高算法的实时性，必须在上采样和下采样阶段减少计算量，提高采样速度。

在下采样层中的滤波器操作会产生一个更大的图片感受野，允许网络收集更多的目标上下文信息，例如：可以帮助区分一个道路场景中的骑行人和行人，提高像素分类的准确性。然而在语义分割中对图像进行下采样操作主要有两个缺点：第一，特征图分辨率的降低暗示着空间信息（如准确的目标边缘形状信息）的损失；第二，对于整张图像的像素分割，要求输出和输入具有相同的分辨率暗示着强大的下采样需要同样强大的上采样与之进行匹配，这增大了模型尺寸，并增加了计算量。针对第一个问题，FCN 算法融合不同编码层产生的特征图，但是这会增大网络的参数量，延长运算时间，这对语义分割实时性的实现是不利的；针对第二个问题，SegNet 网络通过在最大池化层中保存的特征元素索引，在解码器进行搜索，使解码特征产生稀疏上采样图。尽管池化层索引减少了大量的网络参数，但是强大的下采样仍然损害了目标空间的信息精度。

在网络早期对输入进行下采样操作的过程中，特征维数的过度减少可能会阻碍信息的流动。VGG 结构在执行池化操作后执行卷积操作进行维数扩展，引入一个使用更多卷积核的代表性模块，提高特征图的深度，但这样会降低网络的计算效率。与 FCN 算法和 SegNet 算法不同，为了同时实现语义分割的精确性和实时性，根据视觉信息大部分是空间冗余的特点，ENet 网络被压缩成一个更有效率的特征代表。ENet 算法选择在初始模块中设计一个池化操作与一个步长为 2 的卷积操作并行，并合并结果特征图，在网络早期使用了更小尺寸和更少数量的特征图，大大减少了网络参数，提高了网络的运行速度。与原始模块相比，推理时间缩短了 90%。

在 ResNet 下采样模块中，卷积分支的第一个步长为 2 的 1×1 映射层在两个维度进行操作，丢弃了 75%的输入信息。将卷积核尺寸提高到 2×2 可以将全部的输入考虑进去，从而提高信息的流动和精确度。但是这种增加卷积核尺寸的操作使得这些网络层增加了 4 倍的计算量，然而在 ENet 算法下采样卷积模块中将滤波器尺寸提高到 2×2 仅提高了一点点的计算量，因此在提高信息的流动和精确度的同时计算量变化不明显。与此同时，ENet 算法在下采样过程中使用了扩张卷积，可以很好地平衡图像分辨率和图像感受野，实现在不降低特征图分辨率的同时扩大图像目标的感受野的目标。

关于解码器，ENet 算法中提供了一个关于编码–解码结构不一样的观点。SegNet 算法网络是一个非常对称的结构，编码器和解码器结构大小相同，相反，ENet 算法结构包含一个大的编码器和一个小的解码器。这是因为编码器与最初的分类结构具有相似的工作方式：在更小的分辨率数据上操作，并提供滤波和其他信息处理操作。解码器的作用是对编码器输出进行上采样，仅仅进行细节上的细化微调。由于网络深度受了限制，分割性能也受到了限制。与具有上百层深度的 ResNet 网络相比，ENet 算法仅使用几层网络，因此需要快速将有用信息筛选出来。当对网络进行训练时，权重更新更快，并且学习函数与特性更接近，因此解码器仅被用来对上采样输出进行微调。

（2）ENet 算法网络结构

ENet 算法网络结构见表 4-1。ENet 网络中解码器与编码器为非对称结构，分别为一个较大的编码网络和一个较小的解码网络，有助于降低 ENet 网络的参数量。该网络一共被分成 7 个阶段。初始阶段包含一个单独的模块；阶段 2 包含 5 个瓶颈模块；阶段 3 和阶段 4 具有相同的结构，不同的是阶段 4 在开始时没有对输入的特征图进行下采样；阶段 2、3 和 4 组成一个编码器；阶段 5 和阶段 6 组成一个解码器。

表 4-1 ENet 算法网络结构

网络结构		结构类型	输出尺寸
阶段 1	初始阶段	如图 4-9（a）所示	16×256×256
阶段 2	瓶颈模块 1.0	下采样	64×128×128
	瓶颈模块 1.1		64×128×128
	瓶颈模块 1.2		64×128×128
	瓶颈模块 1.3		64×128×128
	瓶颈模块 1.4		64×128×128
阶段 3	瓶颈模块 2.0	下采样	128×64×64
	瓶颈模块 2.1		128×64×64
	瓶颈模块 2.2	扩张卷积 2	128×64×64
	瓶颈模块 2.3	不对称卷积 5	128×64×64
	瓶颈模块 2.4	扩张卷积 4	128×64×64
	瓶颈模块 2.5		128×64×64
	瓶颈模块 2.6	扩张卷积 8	128×64×64
	瓶颈模块 2.7	不对称卷积 5	128×64×64
	瓶颈模块 2.8	扩张卷积 16	128×64×64
阶段 4	重复阶段 3，不包括瓶颈模块 2.0		
阶段 5	瓶颈模块 4.0	上采样	64×128×128
	瓶颈模块 4.1		64×128×128
	瓶颈模块 4.2		64×128×128
阶段 6	瓶颈模块 5.0	上采样	16×256×256
	瓶颈模块 5.1		16×256×256
阶段 7	全卷积		C×512×512

以输入分辨率为 512×512 的图像为例，ENet 算法采用了 ResNet 的观点，将网络卷积模块设计为具有一个主干和与主干分离的卷积滤波器分支，然后主干与分支进行像素级后向相加融合，如图 4-9（b）所示。每一个模块包含 3 个卷积层：一个 1×1 映射层对特征图维度进行压缩，一个主要的卷积层（在图 4-9（b）的卷积），还有一个 1×1 映射层对特征图维度进行扩张。在所有卷积层之间都加上批正则化层和 PReLU 激活层。批正则化层在每一个卷积层和后面的非线性激活层之间。如果是下采样卷积模块，主干为一个最大池化层，第一层的 1×1 映射被一个步长为 2 的 2×2 双倍维度的卷积映射代替，有利于特征空间信息的保留，同时，对激活进行零填充，从而匹配特征图的数量。如果是上采样模块，主干为最大非池化层。在其余模块中，主干卷积层包含一个常规的、扩张的或者 3×3 滤波器的

全卷积或者反卷积。主干卷积层有时包含不对称卷积，如一系列 5×1 和 1×5 卷积，不对称卷积也叫作分解卷积，有助于减少模型参数。为了减少内核调用和整个记忆操作的数量，没有在任何映射中使用偏差项，且这在精确度上没有任何影响。

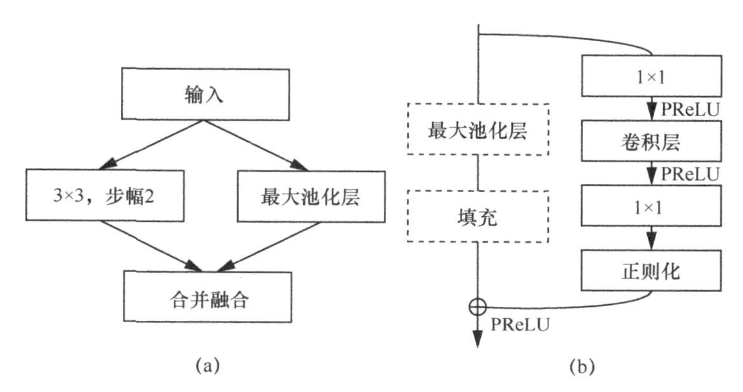

图 4-9　初始阶段模块以及网络卷积模块示意图

在初始阶段的模块中，最大池化操作和卷积操作并行，最后通过一个合并融合得到厚度为 16 的特征图。这样做的原因是网络的初始几层对分类并没有直接的帮助，提高特征图厚度并不会帮助特征提取器得到更多的丰富特征信息，而是应该为了后面的网络层仅对输入进行预处理操作。在编码器中包含下采样模块、空洞卷积模块、分解卷积模块以及标准卷积模块，在解码器中包含上采样模块和标准卷积模块。在最后阶段的模块中，使用了一个全卷积层，占据了一大部分解码操作时间。

（3）不对称卷积

由于标准卷积权重具有相当数量的冗余，当将一个滤波器为 $n\times n$ 的卷积层分解成两个连续的具有更小滤波器的卷积层（一个卷积层具有一个 $n\times 1$ 滤波器，另外一个卷积层具有 $1\times n$ 滤波器）时，可以减少部分冗余信息。该分解卷积也被称为不对称卷积。ENet 算法网络中用了 $n=5$ 的不对称卷积层，这两个步骤产生的计算量和一个 3×3 卷积层相似。这有助于增加模块学习函数的多样性，并增加感受野。

一系列在编码和解码模型中使用的操作（映射、卷积、映射）可以被看成将一个大的卷积层分解成一系列更小的和更简单的操作。这样的分解有助于显著提高网络速度，极大地减少了参数的数量，使得特征具有更少的冗余。此外，因式分解有助于网络中非线性操作的计算函数变得更加丰富。

（4）扩张卷积

正如以上讨论的，网络具有一个宽的感受野是非常重要的，它可以将更宽的上下文考虑进来对图像目标进行分类。为了避免特征图的过度下采样，ENet 算法使用扩张卷积代替最小分辨率操作阶段中的几个编码模型中的主要卷积层，从而使精确度显著提升，在 Cityscapes 数据集上 IoU 提升了 4%，并且没有额外的计算消耗。

（5）正则化

大多数像素级分割数据集相对较小（约 1000 张图像），像神经网络这样的复杂模型很容易过拟合，导致模型的泛化能力下降。正则化参数等价于对参数引入先验分布，调节模型允许存储的信息量，对模型允许存储的信息加以约束，使模型复杂度变小（缩小解空间），有助于减少过拟合，与此同时，对噪声以及异常值的鲁棒性增强。

ENet 算法是一个专门为语义分割而设计的神经网络结构，以更快的速度和更有效的方式实现对大尺度目标的计算，并较明显地节省了运行时间。和完善的深度学习工作站相比，ENet 算法的主要目的是在嵌入平台中有效地使用可得到的稀缺资源。ENet 算法可以媲美甚至超过现有的基准模型，部分基准模型甚至具有成倍的、更大的计算量和内存需求。ENet 在 NVIDIA TX1 硬件上的应用体现了实时便携式、嵌入式解决方案。尽管 ENet 算法主要应用于移动设备，但是它在高端 GPU（如 NVIDIA Titan X）上也非常有效。

4.5 图像分割数据集以及评价指标

4.5.1 图像分割数据集

常用数据集有 PASCAL VOC2012、Cityscapes 和 MSCOCO。PASCAL VOC2012 数据集包含 19 个类别，分别是：人类、动物（鸟、猫、牛、狗、马、

羊）、交通工具（飞机、自行车、船、公共汽车、小轿车、摩托车、火车）、室内（瓶子、椅子、餐桌盆栽植物、沙发、电视），共包含 6929 张分割标注图片，提供类别层面的标注和个体层面的标注，也就是说既可以做语义分割，也可以做实例分割（把不同的物体标记出来）。

Cityscapes 是道路驾驶场景的语义分割数据集。该数据集包含来自 50 个不同城市的街道场景中记录的多种立体视频序列，共包含 30 类物体，5000 张高质量像素级标注图片（其中训练集 2975 张，测试集 1525 张，验证集 500 张），20000 张多边形粗糙语义分割标注图片，同时提供类别层面的标注和个体层面的标注。2019 年 5 月，Cityscapes 数据集结合像素级和实例级语义分割，更新出全景分割数据集。

MS COCO 数据集具有 5 种标签类型，分别为：目标检测、关键点检测、物体分割、多边形分割以及图像描述。MS COCO 包含 91 个类别，共有 33 万张图片，超过 20 万张图片有标注，整个数据集中个体的数目超过 150 万个，包含了自然图片以及生活中常见的目标图片，背景比较复杂，目标数量比较多，目标尺寸更小，因此 MS COCO 数据集上的任务更难，它是到目前为止最大的语义分割数据集，且难度最大，挑战性最高。

4.5.2　语义分割评估指标

常用指标包括像素准确率（PA）、平均像素准确率（MPA）、交并比（IoU）、平均交并比（MIoU）以及平均权重交并比（Frequency Weighted Intersection over Union，FWIoU）。这些指标仅基于像素输出/标签计算，而完全忽略物体级标签。例如，IoU 是某一类别正确预测的像素与预测像素和真值标签像素并集的比值。由于这些指标忽略了实例标签，因此它们不适合评估事物类。用于语义分割的 IoU 与分割质量（SQ）不同，后者的计算方式是匹配分割的平均 IoU。假设图像中有 k 个目标类和一个背景类。

PA（Pixel Accuracy）为图像中分类正确的像素点数量与图像中所有像素点数量的比值：

$$\mathrm{PA}=\frac{\sum_{i=0}^{k}p_{ii}}{\sum_{i=0}^{k}\sum_{j=0}^{k}p_{ij}} \tag{4-5}$$

MPA（Mean Pixel Accuracy）为每类目标分类正确的像素数量与该类目标所有像素数量比值后的平均值：

$$\mathrm{MPA}=\frac{1}{k+1}\sum_{i=0}^{k}\frac{p_{ii}}{\sum_{j=0}^{k}p_{ij}} \tag{4-6}$$

IoU（Intersection over Union）为某一类别目标的真值标签和预测标签的交集与真值标签和预测标签的并集之间的比值：

$$\mathrm{IoU}=\frac{p_{ii}}{\sum_{j=0}^{k}(p_{ij}+p_{ji})-p_{ii}} \tag{4-7}$$

Mean IoU 为图片的全局评价指标，是类别 IoU 的均值：

$$\mathrm{Mean\ IoU}=\frac{\sum_{i=0}^{k}\mathrm{IoU}_i}{k} \tag{4-8}$$

FWIoU 为每类目标出现的频率与该类目标 IoU 的加权和：

$$\mathrm{FWIoU}=\sum_{i=0}^{k}p_i\mathrm{IoU}_i \tag{4-9}$$

参考文献

[1] LONG J, SHELHAMER E, DARRELL T. Fully convolutional networks for semantic segmentation[C]//Proceedings of 2015 IEEE Conference on Computer Vision and Pattern Recognition. Piscataway: IEEE Press, 2015: 3431-3440.

[2] RONNEBERGER O, FISCHER P, BROX T. U-net: convolutional networks for biomedical image segmentation[M]//Lecture Notes in Computer Science. Cham: Springer, 2015: 234-241.

[3] CHEN L C, PAPANDREOU G, KOKKINOS I, et al. Semantic Image Segmentation with Deep Convolutional Nets and Fully Connected CRFs[J]. arXiv preprint, 2014, arXiv:1412.7062v2.

[4] CHEN L C, PAPANDREOU G, KOKKINOS I, et al. DeepLab: semantic image segmentation with deep convolutional nets, atrous convolution, and fully connected CRFs[J]. IEEE Transactions on Pattern Analysis and Machine Intelligence, 2018, 40(4): 834-848.

[5] CHEN L C, PAPANDREOU G, SCHROFF F, et al. Rethinking atrous convolution for semantic image segmentation[J]. arXiv preprint, 2017, arXiv: 1706.05587.

[6] LIU W, RABINOVICH A, BERG A C. ParseNet: looking wider to see better[J]. arXiv preprint, 2015, arXiv:1506.04579.

[7] HENRY C, AZIMI S M, MERKLE N. Road segmentation in SAR satellite images with deep fully convolutional neural networks[J]. IEEE Geoscience and Remote Sensing Letters, 2018, 15(12): 1867-1871.

[8] CHAURASIA A, CULURCIELLO E. LinkNet: exploiting encoder representations for efficient semantic segmentation[C]//Proceedings of 2017 IEEE Visual Communications and Image Processing. Piscataway: IEEE Press, 2017: 1-4.

[9] BADRINARAYANAN V, KENDALL A, CIPOLLA R. SegNet: a deep convolutional encoder-decoder architecture for image segmentation[J]. IEEE Transactions on Pattern Analysis and Machine Intelligence, 2017, 39(12): 2481-2495.

[10] PASZKE A, CHAURASIA A, KIM S, et al. ENet: a deep neural network architecture for real-time semantic segmentation[J]. arXiv preprint, 2016, arXiv: 1606.02147.

[11] MEHTA S, RASTEGARI M, CASPI A, et al. ESPNet: efficient spatial pyramid of dilated convolutions for semantic segmentation[J]. arXiv preprint, 2018, arXiv: 1803.06815.

[12] WANG Y, ZHOU Q, XIONG J, et al. ESNet: an efficient symmetric network for real-time semantic segmentation[M]//Pattern Recognition and Computer Vision. Cham: Springer, 2019: 41-52.

[13] LI G, YUN I, KIM J, et al. DABNet: depth-wise asymmetric bottleneck for real-time semantic segmentation[J]. arXiv preprint, 2019, arXiv:1907.11357v1.

[14] ZHANG H, DANA K, SHI J P, et al. Context encoding for semantic segmentation[C]//Proceedings of 2018 IEEE/CVF Conference on Computer Vision and Pattern Recognition. Piscataway: IEEE Press, 2018: 7151-7160.

[15] WANG Y, ZHOU Q, LIU J, et al. Lednet: a lightweight encoder-decoder network for real-time semantic segmentation[C]//Proceedings of 2019 IEEE International Conference on Image Processing. Piscataway: IEEE Press, 2019: 1860-1864.

[16] EVERINGHAM M, VAN GOOL L, WILLIAMS C K I, et al. The pascal visual object classes (VOC) challenge[J]. International Journal of Computer Vision, 2010, 88(2): 303-338.

[17] CHENG G, ZHOU P C, HAN J W. Learning rotation-invariant convolutional neural networks for object detection in VHR optical remote sensing images[J]. IEEE Transactions on Geoscience and Remote Sensing, 2016, 54(12): 7405-7415.

[18] LIN T Y, DOLLÁR P, GIRSHICK R, et al. Feature pyramid networks for object detec-

tion[C]//Proceedings of 2017 IEEE Conference on Computer Vision and Pattern Recognition. Piscataway: IEEE Press, 2017: 936-944.

[19] HUANG Z J, HUANG L C, GONG Y C, et al. Mask scoring R-CNN[C]//Proceedings of 2019 IEEE/CVF Conference on Computer Vision and Pattern Recognition. Piscataway: IEEE Press, 2019: 6402-6411.

[20] CHEN K, WANG J Q, PANG J M, et al. MMDetection: open MMLab detection toolbox and benchmark[J]. arXiv preprint, 2019, arXiv:1906.07155.

[21] LIN T Y, MAIRE M, BELONGIE S, et al. Microsoft COCO: common objects in context[C]//Proceedings of European Conference on Computer Vision. Cham: Springer, 2014: 740-755.

[22] HE K M, GKIOXARI G, DOLLÁR P, et al. Mask R-CNN[C]//Proceedings of 2017 IEEE International Conference on Computer Vision. Piscataway: IEEE Press, 2017: 2980-2988.

[23] CHEN K, PANG J M, WANG J Q, et al. Hybrid task cascade for instance segmentation[C]//Proceedings of 2019 IEEE/CVF Conference on Computer Vision and Pattern Recognition. Piscataway: IEEE Press, 2019: 4969-4978.

[24] CAI Z W, VASCONCELOS N. Cascade R-CNN: delving into high quality object detection[C]//Proceedings of 2018 IEEE/CVF Conference on Computer Vision and Pattern Recognition. Piscataway: IEEE Press, 2018: 6154-6162.

[25] JÉGOU S, DROZDZAL M, VAZQUEZ D, et al. The one hundred layers tiramisu: fully convolutional DenseNets for semantic segmentation[C]//Proceedings of 2017 IEEE Conference on Computer Vision and Pattern Recognition Workshops. Piscataway: IEEE Press, 2017: 1175-1183.

第 5 章

基于深度学习的人体姿态估计算法

人体姿态估计（Pose Estimation）是计算机视觉中逐渐受到关注的一项任务，目前这项应用也进入了深度学习时代。本章对人体姿态估计的任务原理、面临的挑战以及常用方法进行了介绍，重点介绍了单人姿态估计算法、自顶向下（Top-Down）的多人姿态估计算法、自底向上（Bottom-Up）的多人姿态估计算法，以便读者快速了解基于深度学习的人体姿态估计算法。

| 5.1 人体姿态估计任务简介 |

5.1.1 任务简介

人体姿态估计也被称为人体关键点检测，它从给定的一幅图像或一段视频中，检测出人体上具备显著特征的一些关键点，如关节、五官等。如果一幅图像中存在多个人体，还要确定每个检测到的关键点隶属的人体实例，通常称之为多人姿态估计。人体姿态估计的方法也可用于人脸关键点检测，在人脸识别系统中实现人脸对齐。

人体姿态估计是计算机视觉领域不可或缺的热门研究方向之一，是人体动作识别、人体行为分析和人机交互的基础任务，有大量潜在的落地场景和广阔的应用前景。比如，智能视频监控中通过人体关键点检测实现行为识别，通过识别关节位置来判断人的行为类别；自动驾驶中通过人体关键点检测实现人的姿态估计、动作预测；娱乐产业中通过人体姿态估计实现动作特效；影视产业上可使用成本低廉的摄像头代替动作捕捉衣，进行人体动作捕捉和特效渲染，这会降低电影制作成本和拍摄难度。此外，人体姿态估计技术结合智能硬件，还可以用于病人监护系统、虚拟现实和运动员辅助训练等场景。

根据任务需求或者数据集的标注情况，可定义指定数量的人体关键点。比如，常用的一种设置方法是定义 17 个稀疏分布的关键点，如图 5-1 所示。它包括 12 个身体上的关键点和 5 个人脸上的关键点，分别是左手首、左肘、左肩、右肩、右肘、右手首、左腰、左膝、左足首、右腰、右膝、右足首、左眼、右眼、左耳、右耳和鼻子。

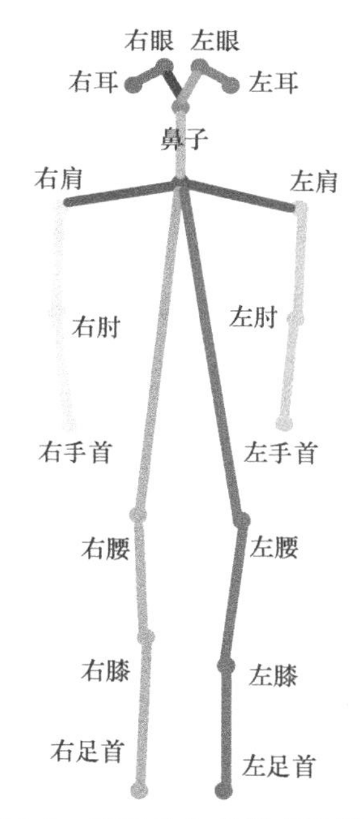

图 5-1　稀疏分布关键点示意图

骨架中的每一个显著性的部位被称为一个“部件”，也可以称之为关节、关键点。两个部件之间的有效连接被称为一个对或肢体。不是所有的部件之间的两两连接都能组成有效肢体，符合人体动力学的连接才能形成一个有效的骨架。

真实人体关键点的位置处于三维空间中，而计算机的数字成像是在二维像素空间中，因此人体姿态估计通常包括 2D 人体姿态估计和 3D 人体姿态估计。本章讨论的范畴主要是 2D 人体姿态估计，即通过 RGB 图像估计每个关节的 2D 位置。

5.1.2 面临的挑战

由于人体是高度可形变的铰链式结构，多重的关节运动产生的姿态配置空间是指数级的，人体姿态可以说是千变万化的。

人体的衣着外貌情况千差万别，这也会影响关键点特征的提取与定位。人体的尺度不一，有远有近，有大有小，反映在图像上就是人在图片中的尺寸不一样，有些非常小的人体，其像素面积本身就很少，这增大了关键点的定位难度。另外，人体关键点的可见性受穿着、姿态、视角等的影响非常大，而且还面临着遮挡、光照、雾等环境因素的影响，一旦被遮挡，关键点具备的显著特征就会被破坏或者受到干扰。尽管人可以根据常识对不可见的关键点位置进行猜测推理，但对于计算机视觉模型而言，这是很有挑战性的，因此模型对于关键点的特征学习必须具备鲁棒性，这实际上要求模型更加关注对人体的结构信息进行学习。

5.1.3 方法概述

根据人数的不同，人体姿态估计可以分为单人姿态估计和多人姿态估计。单人姿态估计的输入是一个仅包含一个人体的图像区域，模型需要在该区域内找出关键点，如头部、左手、右膝等。多人姿态估计的输入是包含多个行人的整图，模型需要准确地找出图片中所有行人及其对应的关键点。多人场景是比较难的，因为每张图像上的人数未知，位置不定，占比不定，人与人之间会相互接触和遮挡，部分人之间会有交叉等，这些都增大了关联难度。而且人数越多，复杂度越大，实时性难以保证。

从模型使用的角度上看，人体姿态估计方法可以分为传统方法和基于深度神经网络的人体姿态估计方法。

传统方法大多针对单人的姿态估计，算法可分成两类。第一类算法直接学习一个全局特征，把姿态估计问题当成分类或者回归问题直接求解，这类方法的问题是精度一般，比较适用于背景干净的场景，不适用于实际场景。第二类算法是基于图画结构的方法和基于可变性组件模型的方法，其重点在于如何提取更好的特征，以及通过直接的、显式的建模来捕捉更好的空间位置约束关系。特征提取和分类器设计在深度学习时代是至关重要的，深度学习往往会把特征提取、分类以及空间位置关系的建模包含在一个深度的神经网络内，以一种隐式的方式建模，并进行判别式的学习。因此整个学习环节，从底层特征提取到高层语义，不需要独立进行拆解。再得益于端到端学习的优势，可以训练出一个强有力的、适应于特定任务的深度神经网络模型。

2014 年 CNN 首次被成功引入了解决单人姿态估计的问题中。通过滑窗的方式对每个图像块进行分类，找到相应的人体关键点，改进的地方只是把原来传统的特征表示改成了深度学习的网络，同时把空间位置关系当成后续步骤进行处理。2016 年，随着深度学习的爆发，单人姿态估计问题也得到了突破。

2016 年，MS COCO 数据集中引入了多人姿态估计的标注，多人姿态估计成为一种主流的任务，得到了大量关注，多人姿态估计包括自顶向下和自底向上两种思路。

自顶向下的方法先做人体检测，检测到每个人之后，对每个人做单人的姿态估计，直到得到最后结果。这种方法思路直观、自然，且精度较高。但是，这种方法有 3 个缺陷：①非常依赖于目标检测算法检测人体的结果，如果两个人靠的比较近，只检测到一个人，那么姿态估计也会少一个人；②算法速度与人数成正相关，人多时，速度会慢；③受检测框的影响太大，漏检、误检、交并比太小等都会对结果产生影响，此类代表性算法有 G-RMI、RMPE（Regional Multi-person Pose Estimation）、Mask R-CNN 和 CPN（Cascaded Pyramid Network）。

自底向上的方法包括关键点检测和关键点聚类，第一阶段先对全图做所有人体的关键点检测，第二阶段通过关联或匹配将关键点对应到相关人体，实现多人姿态估计。这种方法只需要处理一遍整个图像，速度不随人数的增加而变化，算法实时性能较好，不依赖于人体检测；缺点是在密集的情况下，会将不同人的不同部位按一个人进行拼接，精度不如自顶向下的方法。这方面的研究主要侧重于关键点的聚类，即如何构建不同关键点之间的关系，代表方法是 DeepCut、OpenPose、关系嵌入（Aassociative Embedding）和 PersonLab。

5.2 单人姿态估计

单人姿态估计旨在从一个包含单个人体的区域内找出需要的目标关键点。基于深度学习的单人姿态估计从回归目标上可以分为两种，分别是直接回归坐标（典型的是DeepPose）和通过热力图回归坐标（典型的是卷积姿态机和Hourglass）。直接回归坐标又可以分为多阶段回归模型和多阶段反馈回归模型。

DeepPose是第一个通过深度神经网络进行人体姿态估计的算法。它从大量的图像数据和标签监督信息中用神经网络学习图像数据与构建的标签信息之间的映射。网络由一个AlexNet后端（7层）和一个额外的最终层组成，这个最终层的输出为2000个关节坐标。它使用L2损失对模型进行回归训练，使用级联回归器对预测进行细化，从而对初始的粗糙预测进行改进。DeepPose分为多步，首先将图片归一化成220×220的大小，输入CNN中，得到归一化之后的坐标；然后在坐标周围切割出一个图像块（后续的姿态回归器可以看到更高分辨率的图像，从而学习更细比例的特征，最终获得更高的精度），把它输入CNN中，学习到一个偏移量。通过多次调整，使得到的结果更准确。

由于图模型的计算效率太低，卷积姿态机（Convolutional Pose Machine，CPM）抛弃了图模型，使用多阶段的回归方式提升精确度。卷积姿态机主要有两个技术：第一是大卷积核提升感受野，第二是多阶段调整。从CPM开始，神经网络已经可以端到端地把特征表示以及关键点的空间位置关系建模进去（隐式的建模）。CPM有多个阶段，每个阶段设计一个小型网络用于提取特征，然后在每个阶段结束的时候，加上一个监督信号，避免过深网络难以优化的问题，而且感受野随着阶段的增多而逐渐增大。中间层的信息可以给后续层提供语义信息，后续层对前面的阶段做精调。因为网络越深，感受野越大，后面几个阶段的感受野达到整幅图，所以可以定位出各个关键点的位置。

通过热图回归坐标的方法通过并行方式对图像进行多分辨率处理，生成一组热图，选择热值最高的位置作为关键点，同时在不同的尺度上捕获特征。输出的结果是一个离散的热图而不是连续回归，热图预测关键点在每个像素发生的概率。这种通过热力图回归坐标的方式被广泛应用在人体骨架的问题中。

根据真实关键点构建热图监督信号，一般遵循这样一个原则：把关键点的真实位置设为高斯分布的中心点，按照高斯分布，越靠近中心，数值越接近 1；越远离中心，越接近 0。如果涉及多人的某种关键点在某些区域叠加，则取两个高斯峰中更大的值作为监督信号值。热图的这种表示方法可以让神经网络直接回归出每一类关键点预测出的位置分布的概率。在一定程度上每一个点都提供了监督信息，网络能够较快地收敛，同时对每一个像素位置进行预测能够提高关键点的定位精度，并允许位置歧义性和不确定性的存在。

后续 2D 的人体姿态估计方法大多是围绕热图这种形式来做的，通过使用神经网络来获得更好的特征表示，同时把关键点的空间位置关系隐式地编码在热图中进行学习，区别在于网络设计的细节。2016 年，堆叠的沙漏模型极大地提升了感受野，降低了计算量，后续的很多人体姿态估计方法借鉴了这种结构。

5.3　自顶向下的多人姿态估计

自顶向下的人体关键点检测算法主要包含两个部分：目标检测和单人人体关键点检测，代表性算法有 G-RMI、RMPE、Mask R-CNN 和 CPN。

G-RMI 在第一阶段使用一个 Faster R-CNN 检测算法在每个候选人体周围生成一个边界框，在第二阶段，将一个姿态估计器应用于每个候选人体周围的裁剪图像，以定位其关键点，对候选框进行重新评分。使用全卷积 ResNet 预测每个关键点的热图和偏移向量，其中热图表示关键点的大致分布位置，偏移向量用于矫正量化误差。量化误差是由输出的热图进行下采样而导致的网格上的位置响应与原始图片位置的误差。

Mask R-CNN 目标检测算法通过添加分割分支来实现分割任务，同时 Mask R-CNN 可以拓展到多人姿态估计中：将一个关键点的位置建模为一个独热掩膜，并添加一个分支预测 K 个掩膜，每个掩膜表示每一种类型的关键点的位置分布。

目标检测过程可能会存在定位误差和重复检测的问题，这会对姿态估计造成困难。为了解决这一问题，RMPE 通过空间变换网络将同一个人产生的不同候选区域变换到一个姿态较为一致的结果，如将人体区域变换到裁剪区域的正中央，这样就不会出现对一个人体的不同区域有不同的关键点检测结果的情况。

2018 年欧洲计算机视觉国际会议（ECCV）上微软亚洲研究院的 SimpleBaseline 用自上而下的方法为人体姿态估计打造了最简单的基准，并刷新了 MS COCO 数据集的新高。

5.4 自底向上的多人姿态估计

自底向上的方法包括关键点检测和关键点聚类两个部分，它首先需要将图片中所有的关键点都检测出来，然后通过一定的关联策略将所有的关键点聚类成不同的个体。该方法的主要优点是处理时间与图像中的人数无关，当人体较多时，该方法比自顶向下的方法快很多，也不需要目标检测算法产生行人切片。

这方面的研究主要侧重于对关键点聚类方法进行探索，即如何构建不同关键点之间的关系，如 OpenPose 的动态规划、Associative Embedding 的匹配算法、PersonLab 的贪婪解码算法等。接下来重点讲解 OpenPose，之后对其他算法进行简单的介绍和总结。

OpenPose 是 2016 年 MS COCO 比赛中的第一名，是一种自底向上的方法。它最大的优势在于检测速度对人数不敏感，在保持检测精度的情况下大幅提升了速度。该方法包括两部分：人体关键点的检测和关键点的连接。二者可同时学习。

OpenPose 提出了人体部件亲和场（Part Affinity Field，PAF），它用 2D 向量表示肢干所在的位置及方向。它是一个矢量场，在人体躯干区域内的每个像素点位置构造出一个经过归一化的单位矢量，从一个关键点指向另一个关键点，在非躯干区域的像素位置的向量为零向量。这个特征同时把躯干的方向信息和位置信息都保留下来了，用于连通同一个个体的所有检测出的关键点，在关键点的个体匹配中，发挥着关键性的作用。算法的关键思想是在图像平面上编码关键点之间肢体的连接部件的亲和得分，以此来判断关节连接的合理性。

OpenPose 在推断流程上分为以下两部分。

（1）神经网络预测

用卷积姿态机的神经网络架构预测编码了所有人体关键点位置的热图和编码了所有人体肢体方向的 PAF。训练神经网络的方式是将构造好的真实热图和构造好的真实 PAF 作为监督信号训练模型。

（2）根据预测结果，利用独立的算法匹配多人姿态

从热图上得到所有候选关键点的位置以后，OpenPose 把关键点分配、组合成不同人体的问题看作 K 个独立的二分图匹配问题，其中 K 是人体骨架结构中定义好的肢体连接关系的数量。每个二分图问题要解决的是，对于某一种肢体连接关系（两种不同类型的关键点），需要在候选的两个集合（集合是某个类型关键点的所有候选位置）中，找到一个最优的分配，这个过程可以被认为是二分图寻找最大匹配的过程。这个二分图实际上是加权二分图，每个边的权重是该边对应的两个候选关键点沿着它们的方向计算其方向上 PAF 的和。以这样的计算方式得到所有边的权重后，就得到了一个加权二分图的所有信息，然后就可以使用匈牙利算法求解一个最优的匹配。求取 K 个二分图的全局最优解是一个 NP 难问题，因此 OpenPose 把它转换成单独求解这 K 个二分图的每一个图的最优解的问题，每个解对于完整的人体结构分配来讲是局部最优的。这种匹配方式对于整体来说也是一种贪心的匹配算法。

自底向上的多人姿态估计问题可以转换为一个优化问题。除了采用动态规划的 OpenPose 之外，还可将其看成优化问题进行求解。

- 关联嵌入的方法通过使用额外的嵌入来编码不同人体的不同关键点之间的关系，即同一个人的不同关键点在空间上是尽可能接近的，不同人的不同关键点在空间上是尽可能远离的。可以通过两个关键点在高维空间上的距离来判断两个关键点是否属于同一个人，从而达到聚类的目的。
- PersonLab 除了预测关键点的热图之外，还引入了躯干之间的偏置回归。该算法与 OpenPose 的 PAF 相似，通过偏置场确定下个关键点的位置，从而减少与周边关键点的误匹配问题。贪婪的解码算法从得分最高的关键点确定一个新的人体骨架，根据人体的树结构，推断出所有满足条件的该人体的关键点。

- OpenPifPaf 算法引入了两个场的概念，提出了部件强度场（Part Intensity Field，PIF） 来定位人体关节点位置，提出部件关联场（Part Association Field，PAF）来确定关节点之间的连接，通过两个场的相互校验，进一步保证关键点的稳定性。PersonLab 通过关键点连接单向向下寻找特征点，而 OpenPifPaf 在找到下个特征点后会通过该特征点向上校验，从而确定上一个特征点是否准确。两者一个是单向的，一个是双向的。
- DeepCut 先使用 CNN 提取出人体的候选区域，每个候选区域作为一个节点，所有的节点组成一个密集连接图，将节点之间的关联性作为图节点之间的权重。将关联看作一个优化问题，将属于同一个人的关键点归为一类，每个人作为一个单独类。可通过归类得到人数，通过图论节点的聚类有效地进行非极大值抑制，优化问题表示为整数线性规划（Integer Linear Programming，ILP）问题，从而有效求解。DeeperCut 在 DeepCut 的基础上使用 ResNet 提高人体关键点的检测精度，降低候选节点个数，提升速度和鲁棒性。

5.5 常用数据集以及评价指标

常见的单人姿态估计数据集有 MPII、LSP、FLIC、LIP，多人姿态估计数据集主要有 COCO 和 CrowdPose。主要评价标准包括正确关键点的百分比（PCK）和 APoks。如果预测关键点与真实关键点之间的距离在特定阈值内，则检测到的关节被认为是正确的。APoks 是指用 OKS（Object Keypoint Similarity）代替交并比求得的精度，该指标被用于对预测关键点与真实关键点的相似性进行打分。

参考文献

[1] JAIN A, TOMPSON J, ANDRILUKA M, et al. Learning human pose estimation features with convolutional networks[J]. arXiv preprint, 2013, arXiv: 1312.7302.

[2] WEI S H, RAMAKRISHNA V, KANADE T, et al. Convolutional pose machines[C]//Proceedings

of 2016 IEEE Conference on Computer Vision and Pattern Recognition. Piscataway: IEEE Press, 2016: 4724-4732.

[3] PAPANDREOU G, ZHU T, KANAZAWA N, et al. Towards accurate multi-person pose estimation in the wild[C]//Proceedings of 2017 IEEE Conference on Computer Vision and Pattern Recognition. Piscataway: IEEE Press, 2017: 3711-3719.

[4] FANG H S, XIE S Q, TAI Y W, et al. RMPE: regional multi-person pose estimation[C]//Proceedings of 2017 IEEE International Conference on Computer Vision. Piscataway: IEEE Press, 2017: 2353-2362.

[5] HE K M, GKIOXARI G, DOLLÁR P, et al. Mask R-CNN[C]//Proceedings of 2017 IEEE International Conference on Computer Vision. Piscataway: IEEE Press, 2017: 2980-2988.

[6] TOSHEV A, SZEGEDY C. DeepPose: human pose estimation via deep neural networks[C]//Proceedings of 2014 IEEE Conference on Computer Vision and Pattern Recognition. Piscataway: IEEE Press, 2014: 1653-1660.

[7] CAO Z, HIDALGO G, SIMON T, et al. OpenPose: realtime multi-person 2D pose estimation using part affinity fields[J]. IEEE Transactions on Pattern Analysis and Machine Intelligence, 2021, 43(1): 172-186.

[8] PAPANDREOU G, ZHU T, CHEN L C, et al. PersonLab: person pose estimation and instance segmentation with a bottom-up, part-based, geometric embedding model[M]//Computer Vision-ECCV 2018. Cham: Springer, 2018: 282-299.

[9] NEWELL A, YANG K Y, DENG J. Stacked hourglass networks for human pose estimation[M]//Computer Vision – ECCV 2016. Cham: Springer, 2016: 483-499.

[10] SUN K, XIAO B, LIU D, et al. Deep high-resolution representation learning for human pose estimation[C]//Proceedings of 2019 IEEE/CVF Conference on Computer Vision and Pattern Recognition. Piscataway: IEEE Press, 2019: 5686-5696.

[11] PAPANDREOU G, ZHU T, KANAZAWA N, et al. Towards accurate multi-person pose estimation in the wild[C]//Proceedings of 2017 IEEE Conference on Computer Vision and Pattern Recognition. Piscataway: IEEE Press, 2017: 3711-3719.

[12] CHEN Y L, WANG Z C, PENG Y X, et al. Cascaded pyramid network for multi-person pose estimation[C]//Proceedings of 2018 IEEE/CVF Conference on Computer Vision and Pattern Recognition. Piscataway: IEEE Press, 2018: 7103-7112.

[13] FANG H S, XIE S Q, TAI Y W, et al. RMPE: regional multi-person pose estimation[C]//Proceedings of 2017 IEEE International Conference on Computer Vision. Piscataway: IEEE Press, 2017: 2353-2362.

[14] XIAO B, WU H P, WEI Y C. Simple baselines for human pose estimation and track-

ing[M]//Computer Vision – ECCV 2018. Cham: Springer, 2018: 472-487.

[15] NEWELL A, HUANG Z A, DENG J. Associative embedding: end-to-end learning for joint detection and grouping[J]. arXiv preprint, 2016, arXiv: 1611.05424.

[16] PISHCHULIN L, INSAFUTDINOV E, TANG S Y, et al. DeepCut: joint subset partition and labeling for multi person pose estimation[C]//Proceedings of 2016 IEEE Conference on Computer Vision and Pattern Recognition. Piscataway: IEEE Press, 2016: 4929-4937.

[17] INSAFUTDINOV E, PISHCHULIN L, ANDRES B, et al. DeeperCut: A deeper, stronger, and faster multi-person pose estimation model[M]//Computer Vision – ECCV 2016. Cham: Springer, 2016: 34-50.

[18] NIE X C, FENG J S, ZHANG J F, et al. Single-stage multi-person pose machines[C]//Proceedings of 2019 IEEE/CVF International Conference on Computer Vision. Piscataway: IEEE Press, 2019: 6950-6959.

[19] GÜLER R A, TRIGEORGIS G, ANTONAKOS E, et al. DenseReg: fully convolutional dense shape regression in-the-wild[C]//Proceedings of 2017 IEEE Conference on Computer Vision and Pattern Recognition. Piscataway: IEEE Press, 2017: 2614-2623.

[20] LI W B, WANG Z C, YIN B Y, et al. Rethinking on multi-stage networks for human pose estimation[J]. arXiv preprint, 2019, arXiv: 1901.00148.

[21] ROGEZ G, RIHAN J, RAMALINGAM S, et al. Randomized trees for human pose detection[C]//Proceedings of 2008 IEEE Conference on Computer Vision and Pattern Recognition. Piscataway: IEEE Press, 2008: 1-8.

[22] ANDRILUKA M, ROTH S, SCHIELE B. Pictorial structures revisited: people detection and articulated pose estimation[C]//Proceedings of 2009 IEEE Conference on Computer Vision and Pattern Recognition. Piscataway: IEEE Press, 2009: 1014-1021.

[23] CHU X, YANG W, OUYANG W L, et al. Multi-context attention for human pose estimation[C]//Proceedings of 2017 IEEE Conference on Computer Vision and Pattern Recognition. Piscataway: IEEE Press, 2017: 5669-5678.

第6章 基于深度学习的行人重识别与目标跟踪

行人重识别和目标跟踪是计算机视觉领域比较重要的两项任务，二者具有一定的相似性。随着深度学习在计算机视觉领域展现巨大的优势，行人重识别和目标跟踪也进入了深度学习时代。本章首先介绍了行人重识别和目标跟踪的任务以及面临的挑战，之后对基于局部特征和度量学习的行人重识别算法、基于相关滤波和孪生网络的目标跟踪算法进行了介绍。

| 6.1 行人重识别任务简介 |

6.1.1 任务简介

设想一个场景，在监控摄像头覆盖的城市里，一名老人走丢了，警察接到报案，家人告知警察老人最后出现的位置，警察可以通过调取监控视频看到老人走丢前的监控画面，接下来在海量的视频里寻找这名走丢的老人。这无疑是非常费时费力的，如果能通过一种技术，让计算机自动地在大量不同的摄像头拍摄的视频中，通过对比行人与目标外表的相似度来寻找目标，会极大地提高工作效率。这就是行人重识别（Person Re-Identification，ReID）。

行人重识别也叫作行人检索（Pedestrian Retrieval），它是通过特定的算法来确定跨摄像头、跨场景下的图像中是否存在特定行人的技术。它可以被看成图像检索的子问题，与人脸识别、人脸验证和图像检索（拍立淘、以图搜图）的原理类似，也包括特征提取和相似度判断两个核心步骤。

人脸识别需要合作式的、清晰的正脸照，但是行人重识别任务中一般是不清晰的照片，通过非接触、无配合和无感觉的方式达到识别目标的目的，因此行人重识别可作为人脸识别系统拍摄的人脸图像不清楚时的补充。

行人重识别是较难的计算机视觉任务，但由于其有较大的应用价值，已成为当前视频识别领域的热点研究问题，在智能安防和商业零售方面具有广阔的应用前景。

6.1.2 工作流程

行人重识别系统的工作流程如图 6-1 所示，它包括行人检测、特征提取和相似度度量 3 个主要步骤。给定初始的视频之后，首先进行行人的检测，把所有的检测结果形成候选框，再形成检索仓库（Gallery），并提取仓库里所有图像的特征。仓库里的图片包括比较完整的行人图片。待检索的行人图片则被称为探头（Probe），并用同样的方法提取特征，比较仓库与探头对应图片特征之间的距离，计算相似度，得到最终的检索结果。通常探头图片和仓库图片是由不同相机拍摄的图片，即所谓的跨摄像头检索。

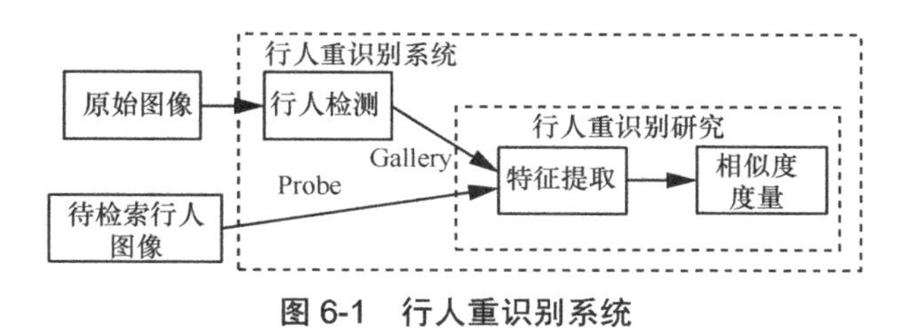

图 6-1　行人重识别系统

行人重识别算法的研究重点是特征提取和度量学习，前者的目的是获得不同条件下稳健的特征，后者是将上述特征映射到新的空间，以判断两个目标的相似度。

用于行人重识别的数据集通常是通过人工标注或者检测算法得到的行人图片，数据集划分为训练集和验证集，二者中人物身份不重复（与人脸识别一样）。一般在训练集上进行模型的训练，得到模型后，将查询（Query）图片与仓库中的图片分别提取特征，并计算它们的距离和相似度。对于每次询问，在仓库中找出前 N 张与其相似的图片。

行人重识别算法的训练流程如图 6-2 所示。输入图片探头并提取特征，与仓库中每个图片的特征进行距离计算，通过距离计算损失，属性一致的损失小，属性不一致的损失大，得到的损失值用于更新 CNN 参数。

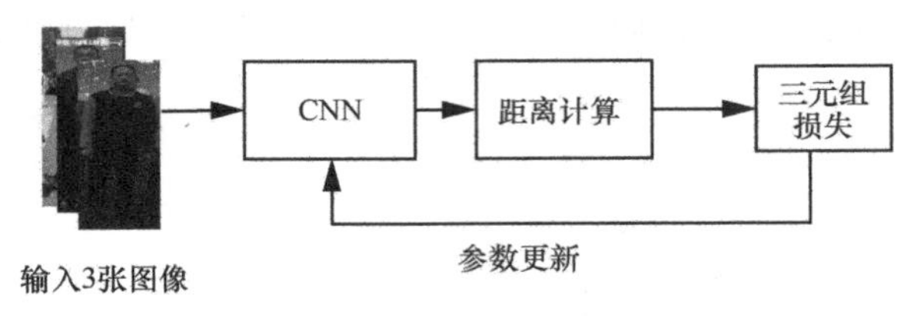

图 6-2　行人重识别算法的训练流程

行人重识别算法的预测流程是先抽取特征再进行对比，如图 6-3 所示。它包括 4 个步骤：检索图通过网络抽取图片特征；抽取底库里的所有图片的特征；计算检索图与底库中图片特征的距离和相似度；根据计算结果进行排序，排序靠前的相似度高，输出得分高的前 N 个结果。

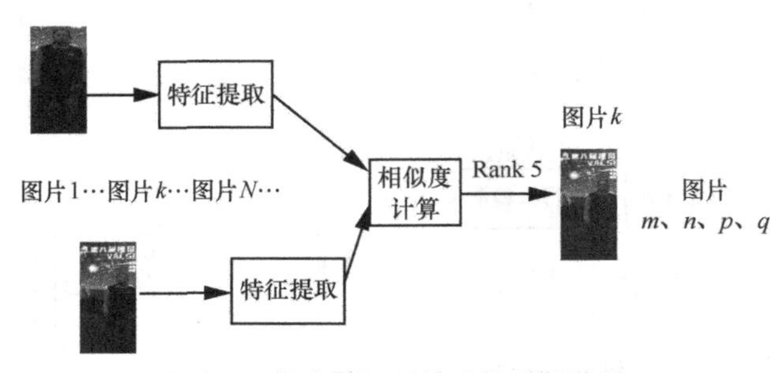

图 6-3　行人重识别算法的预测流程

6.1.3　面临的挑战

行人重识别是一个较难的课题，具体表现为 3 点：第一是需要大量高质量的数据集；第二是行人视觉表观差异性大；第三是工作场景不理想。

第一，需要大量高质量的数据集。行人重识别的数据集不仅数量要大，质量也要高，但是一般数据集存在着以下问题：①训练数据有限。行人重识别训练数据是有限的、局部的，数据规模也是非常小的，如 ImageNet 的训练集有 125 万张图片，COCO 的训练集有 12.3 万多张图片，而行人重识别当前常用的数据集仅有 3 万多张行人图片；②由于行人数据要求是跨时间、跨季节和多场景的，用于训练的图像获取比较困难；③行人重识别数据集要求训练集和测试集是没有身份属性的重叠的，即没有重复的人，训练集中出现的人测试集中不会再出现（这与分类任务不一样，分类任务上所有的类在训练中都是可以出现并学习的）；④数据标注比较困难。

第二，行人外表差异较大。行人图像易受穿着、姿态和视角变化以及遮挡、环境等各种复杂因素的影响，不同角度的摄像头和不同光照强度的环境会使同一个人的图像表现出一定的差异。

第三，工作场景不理想。主要是因为摄像头拍摄时，行人是非合作式的，存在行人不对齐、部分遮挡、图像质量低、光照变化、视觉模糊性等问题。

以上 3 点挑战导致识别时类内的差异增大，类间的差异减小。近年的行人重识别算法主要是为了解决上面 3 个问题而设计的。

6.1.4　与行人跟踪和人脸验证的关系

行人跟踪和人脸验证与行人重识别原理类似，其关键技术也是特征提取和相似度度量，但是具体的任务特点是有差别的，这里进行简单的区分。

行人重识别与行人跟踪的核心算法相近，都是在附近找相似的图像块。行人重识别的仓库是一些裁剪好的图像，这些图像是由不同摄像头拍摄的不连续帧。行人跟踪的仓库是原始的未经裁剪的全景图片或者视频，这段全景图片或视频是由单个摄像头拍摄的连续帧。行人重识别较难，图像跨度较大，目标拍摄角度变化也比较大。

人脸验证是合作式的（如火车站的人脸验证进站系统，人脸必须对准摄像头），一般视角变化不大，特征稳定性高（人脸依赖于可靠的生物特征，数据集较大）。而行人重识别是非合作式的（采集的图像中的行人不需要配合，甚至有时会有意遮挡或者换装），视角变换较复杂，特征稳定性低（行人重识别的特征是不可靠的生物特征），数据集较小（因为获取较难，需要多个摄像头对同一个人在不同的场景进行拍摄，采集难度较大）。

6.1.5 行人重识别数据集及评价指标

行人重识别数据集中的图像需跨摄像头，大规模收集的话会涉及隐私问题，数据获取难度大，数据集规模较小。行人重识别数据集的图片数量为几万张，ID 数量为 2000 左右，摄像头为 10 个以下，规模远小于人脸识别数据集。目前已经公布了许多专门用于行人重识别的数据集，见表 6-1。

表 6-1 用于行人重识别的数据集

相关信息	VIPeR	Market1501	DukeMTMC-reID	CUHK03
拍摄地点	室外	清华大学–室外	杜克大学–室外	香港中文大学–室内
图片数量/张	1264	32217	36441	13164
行人数量/人	632	1501	1812	1467
摄像头/个	2	6	8	10
检测算法	手动	手动+DPM	手动	手动+DPM
评价指标	CMC	CMC+mAP	CMC+mAP	CMC+mAP
发布时间	2007 年	2015 年	2017 年	2014 年

行人重识别常用的评价指标是 Rank-k 和累计匹配性能（Cumulative Match Characteristic，CMC）曲线。Rank-k 是指行人重识别算法输出的结果中，前 k 个结果中存在检索的目标。例如，Rank-1（首位命中率），即输出的第一个结果是否命中检测到的目标，由于 Rank-1 会存在偶然因素，有时也用 Rank-5，即输出的前五个结果有没有命中目标。CMC 曲线计算 Top-k（第 k 次命中）的击中概率，即在候选行人库中检索待查询的行人，前 k 个检索结果中包含正确匹配结果的概率。

6.2 特征提取和相似度度量

行人重识别算法的研究重点是特征表示和相似度度量，前者用于提取更具有鲁棒性的鉴别特征，后者用于判断两个目标的相似度。

在行人重识别应用场景中，行人外观复杂多变，提取行人的鲁棒特征非常关键。在 2014 年以前，采用的是传统的特征提取方法，但手工设计的特征表达能力有限，难以适应复杂的环境。2014 年以后，深度学习在特征表达上的巨大优势使得基于深度学习的行人重识别方法的性能大大超越了传统方法。基于深度学习的行人重识别方法也经历了从图像的全局特征到局部特征的过渡（这是因为此项任务需要重点关注行人的局部特征差异）。

相似度度量是通过计算距离或相似度实现的，常用的指标有欧氏距离、余弦相似度、曼哈顿距离、海明距离、马氏距离和 K-L 散度等。计算得到距离之后，将其代入损失函数求出损失值，之后才能进行后续的梯度计算和参数更新，进而完成优化。

表征学习被广泛地应用于分类任务，但是对于一些极端分类任务（类别数目很多，但每类仅有几个样本），其学习效果一般。而度量学习可以对输入特征做非线性映射，因此在图像检索和人脸识别（验证）方面得到了广泛的使用。基于深度度量学习，FaceNet 在 8×10^6 个个体、260×10^6 张图像的人脸识别任务中，表现已经超越了人类。

这里主要从局部特征和度量学习两个方面介绍基于图像的行人重识别技术。

6.3　行人重识别：从全局特征到局部特征

早期的 ReID 研究主要关注点是全局特征，用完整图片得到一个特征向量进行图像检索，但是忽略了空间局部信息。事实上，行人重识别要重点关注行人局部特征的差异（例如头发长短、衣服颜色和有无背包等局部空间特征）。在行人图像描述中采用部分特征可以提供细粒度的信息，有利于行人检索。

只有将两张图片中相同身体部位的局部特征进行对比，得到的相似度才能反映真实情况。局部特征学习针对给定的特征序列，一般会计算相应部位之间的距离，之后将各个部位进行相加。但是不同图片中的相同部位可能未对准（由检测框不准确、姿态变化、遮挡等导致的），如果不同图片中行人占比不同、人体不是相对应的部位，那么会导致相似度计算不准确，计算的距离是严重失真的。如图 6-4 所示，左侧的切片质量较高，在第一块区域通过提取特征之后，经过池化等操作，能够得到头部的特征信息。而右侧的切片检测效果不好，人占图片的比例非常小，平均切分之后上面两块区域不含行人特征信息，这时将两张图片匹配是不对的。

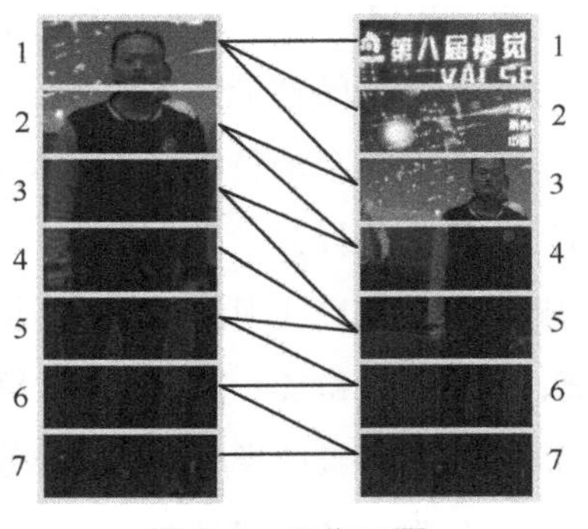

图 6-4　图像匹配

因此计算局部距离之前需要进行对齐操作。比较简单的做法是用姿态估计或者关键点检测的方法，把对应部位提取出来，分别计算各部位对应的局部距离。但是如果采用姿态估计解决对齐问题，需要额外的监督和姿态估计步骤（易出错），且会增加计算量。

AlignedReID 采用基于距离的动态自动对齐模型，在不需要额外信息的情况下实现了局部特征的自动对齐。AlignedReID 使用 CNN 提取每个图像的特征映射，该特征映射是最后一个卷积层（$C \times H \times W$，其中 C 是信道号，$H \times W$ 是空间大小，如图 6-5 中的 2048×7×7）的输出，通过在特征映射上直接应用全局池，提取全局特征（C 维向量）。对于局部特征，首先应用水平池（水平方向上的全局池化）为每一行提取局部特征，然后应用 1×1 卷积减少通道数。这样，每个局部特征（C 维向量）代表一个人图像的水平部分。因此，人的图像由全局特征和局部特征表示，全局分支和局部分支共享卷积网络。

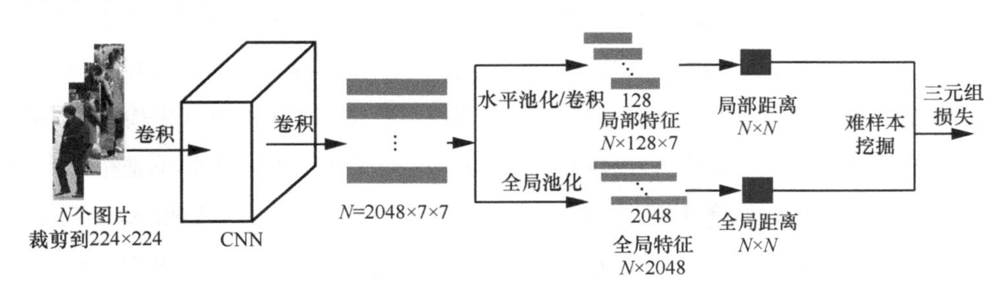

图 6-5　AlignedReID 的框架

两幅图像中的人的距离是其全局距离和局部距离的总和。全局距离就是全局特征的 L2 距离。对于局部距离，要从上到下对局部部位进行动态匹配，以找到具有最小总距离的局部特征对齐。

这里需要找一个最短的路径，在不同的部位之间实现匹配。这基于以下先验：虽然部位是不对齐的，但是部位的顺序是不会变的，即由上到下分别是头、胸部、腹部、下肢、脚，因此采用从上到下搜索匹配的方式，保证匹配不发生交叉。如果两幅图像之间的局部距离之和是最小的，那么认为匹配的效果是最好的，此时各部位一一对齐。

假设两幅图像的局部特征（将两张图片平均分成 7 份）分别为$F=\{f_1,\cdots,f_H\}$和$G=\{g_1,\cdots,g_H\}$，通过元素变换将两幅图像对应部位的距离标准化为[0,1]：

$$d_{i,j}=\frac{\mathrm{e}^{\|f_i-g_j\|^2-1}}{\mathrm{e}^{\|f_i-g_j\|^2+1}} \quad i,j\in 1,2,3,\cdots,H \tag{6-1}$$

其中，$d_{i,j}$是第一个图像的第i垂直部分和第二个图像的第j垂直部分之间的距离。

基于这些距离形成距离矩阵$\boldsymbol{D}$，元素是$d_{i,j}$。将两幅图像之间的局部距离定义为矩阵$\boldsymbol{D}$中从(1,1)到(H,H)的最短路径的总距离。该距离可通过动态规划计算如下：

$$S_{i,j}\begin{cases} d_{i,j} & i=1,j=1 \\ S_{i-1,j}+d_{i,j} & i\neq 1,j=1 \\ S_{i,j-1}+d_{i,j} & i=1,j\neq 1 \\ \min(S_{i-1,j},S_{i,j-1})+d_{i,j} & i\neq 1,j\neq 1 \end{cases} \tag{6-2}$$

其中，$S_{i,j}$是距离矩阵$\boldsymbol{D}$中从(1,1)走到(i,j)的最短路径的总距离，$S_{H,H}$是两个图像之间的最终最短路径（局部距离）的总距离。

图 6-6 中箭头显示的是距离矩阵中的最短路径。图 6-4 左图第 1 行与右图第 1~3 行有对应关系，左图第 2 行与右图第 3~4 行有关系，左图第 3 行与右图第 4~5 行有关系，左图第 4 行与右图第 5 行有关系，左图第 5 行与右图第 5~6 行有关系，左图第 6 行与右图第 6~7 行有关系，左图第 7 行与右图第 7 行有关系。其他没有对应的对齐关系。

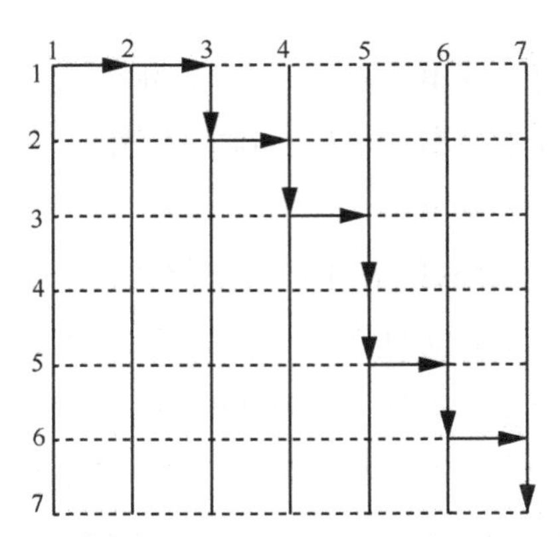

图 6-6　通过查找最短路径计算的 AlignedReID 局部距离示例

AlignedReID 采用全局距离和局部距离共同定义了两幅图像在学习阶段的相似度，将难样本采样三元组损失（Triplet Loss）作为度量学习损失的指标。对于每一个样本，根据全局距离，选择同一身份的最不相似者和同一身份的最相似者，得到三元组。对于三元组，损失是基于全局距离和具有不同边距的局部距离计算的。

在推理阶段，只使用全局特征来计算两个图像的相似度。之所以做出这样的选择，主要是因为全局特征本身也几乎与组合特征一样好。这种现象可能是由两个因素造成的：①联合学习的特征图比只学习全局特征要好，因为在学习阶段已经利用了人的图像之前的结构；②借助于局部特征匹配，全局特征可以更多地关注人的身体，而不是过分强调背景。

AlignedReID 在数据集 Market1501 和 CUHK03 上分别达到了 94.4%和 97.8%的 Rank-1 准确率。

6.4　行人重识别：从表征学习到度量学习

行人重识别可看成分类问题（表征学习），即利用行人的属性等作为训练标签来训练模型，也可将其看成验证问题（度量学习），即输入两张行人图片，让网络来学习这两张图片是否属于同一个人。

最初的行人重识别算法通过分类来实现 ReID，把图片输入 CNN，得到特征图，并经过全局池化得到代表图片信息的特征；输入 Softmax 进行多类别

（Market1501 数据集有 1501 类）分类。单纯地将行人重识别当成分类任务效果不是很好，这是因为 Softmax 只考虑将不同类的样本分开，未考虑将同类的样本聚集在一起，如图 6-7 所示。

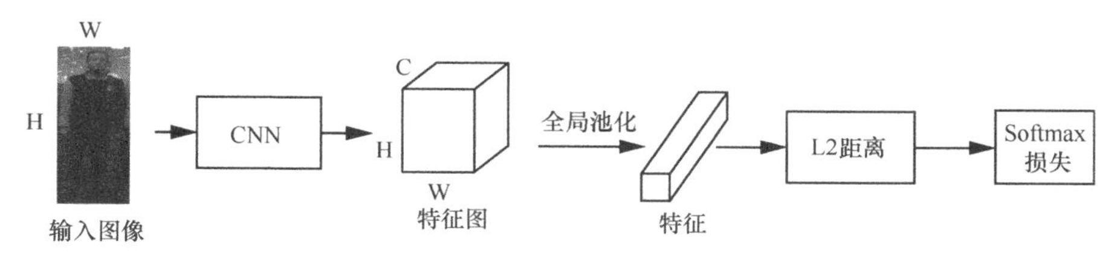

图 6-7　通过分类任务来实现 ReID（原始图像–提取特征–计算距离–计算损失）

表征学习的另一种方式是采用两个基本一样的网络，得到分类损失和对比损失，通过设计的分类损失和对比损失进行监督学习。其中，分类损失使类间尽量分开，它在 Market1501 数据集上，采用 Softmax 损失对输入的图片进行 1501 类的分类；对比损失则使类内聚集在一起。

表征学习是 ReID 领域的一个重要方法，面对类别数很多而类内样本数比较少（例如 Market1501，图片数量为 32217，行人数量为 1501）的情形，表征学习会存在较大的问题，如缺少类内约束、分类器优化困难等。

事实上，度量学习比表征学习更适用于行人重识别算法。这是因为，同一行人的不同图片相似度大于不同行人的不同图片的相似度，网络的度量损失函数可使相同行人图片（正样本对）特征之间的距离尽可能小，不同行人图片（负样本对）特征之间的距离尽可能大。

常用的度量学习损失方法有对比损失（Contrastive Loss）、三元组损失、四元组损失（Quadruplet Loss）、难样本采样三元组损失（Triplet Hard Loss with Batch Hard Mining，TriHard Loss）、边界挖掘损失（Margin Sample Mining Loss，MSML）等。

6.5　目标跟踪任务简介

目标跟踪是指在一个视频的后续帧中找到在当前帧中定义的感兴趣物体的过程，它的理论依据是在同一段视频中，相同的物体在前后两帧中的尺寸和空间位置不会发生巨大的变化。目标跟踪被广泛地应用于智能监控、人机交互、自动驾驶和精确制导等领域。目标跟踪算法经历了从经典跟踪方法（卡尔曼滤波等）到基于相关滤波的跟踪方法，再到基于深度学习的跟踪方法的演变过程。

目标跟踪包括候选框生成、特征表达与提取以及决策 3 个子问题。在跟踪系统中，上一帧和当前帧会被作为系统输入，然后分别经过运动模型、特征模型和观测模型，最终得到当前帧对目标位置的预测输出。

运动模型主要任务是得到目标在当前帧中的大概位置，即候选框生成。图像特征的好坏是跟踪算法性能高低的关键，与其他计算机视觉算法类似，图像特征提取也经历了从传统特征（颜色特征、形状特征、空间特征、纹理特征）到深度学习特征的演变。观测模型可通过相似度度量实现，即在候选框中找到和前一帧目标最匹配的物体，它可分为生成式方法和判别式方法。生成式方法使用数学工具拟合目标的图像域特征，并在当前帧寻找拟合结果最佳的候选框。判别式方法将目标视为前景，将不包含目标的区域视为背景，从而将匹配问题转换成分类问题。判别式方法具有更好的判别能力，性能优异，成为目标跟踪主要采用的方法。

短时跟踪是指在目标丢失时，跟踪器不进行重新检测，当目标漂移时，认为跟踪失败。长时跟踪是指在目标丢失时再次找回目标，即具有自我纠错能力。通常加入额外的检测机制，以在跟踪器出错时进行更正。

一般讨论的目标跟踪是单目标跟踪，但实际中的应用多是多目标跟踪。多目标跟踪的目的是跟踪视频画面中的多个目标，得到这些目标的运动轨迹。多目标跟踪领域的难点是如何解决数据关联的问题，数据关联更多依赖于特征提取的好坏。

目标跟踪常用的评估数据集包括 OTB、UAV123、GOT-10K 等。

6.6 基于相关滤波的目标跟踪算法

从 2014 年开始，基于相关滤波的目标跟踪算法凭借其优异的性能、较高的计算效率，以及易于结合多种图像特征的特点，逐渐成为研究热点。相关滤波算法是一种判别式跟踪思想，它可以用来衡量目标的外观模型和其运动模型产生的候选框的相似程度。

2010 年提出的 MOSSE 跟踪算法，第一次将相关滤波引入目标跟踪领域。MOSSE 的核心思想是训练一个相关滤波器，期望该滤波器在目标区域有一个高斯分布的响应，响应的最大值处就是目标的中心位置。MOSSE 首次展现出了相关滤波在计算效率上的强大优势。2012 年提出的 CSK 跟踪算法相比 MOSSE 主要做了以下改进：首先是引入循环矩阵来表达样本；其次是引入核函数，将原来线性空间问题映射到高维非线性空间，解决低维线性不可分问题。CSK 和 MOSSE 一样，依然采用灰度值作为特征输入。2014 年提出的 CN 算法在 CSK 算法的基础上，引入了 11 维的 CN 特征，对目标的表征能力进行增强。SAMF 基于 KCF 并结合了 CN 和 HOG 特征，在进行相关计算时，考虑到了尺度估计和位置估计，峰值点对应的就是位置和尺度最优的跟踪结果。2015 年提出的 SRDCF 算法在训练滤波器的目标函数中加了空间约束项，从而可以在更大区域内搜索目标，并且抑制边界效应；同时，还将深度学习算法中卷积神经网络的卷积层作为特征图引入了相关滤波算法中。2016 年出现的 C-COT 采用了多层卷积特征。为了提升 C-COT 算法的运行速度，2017 年提出了 ECO 算法。2017 年的 BACF 算法强调跟踪器训练时需要重视目标以外的背景。

相关滤波算法存在尺度变化和边界效应的问题，其对快速变形和快速运动情况的跟踪效果不好。

特征提取是跟踪器中非常重要的部分，然而传统的手动特征只是单纯的纹理、梯度、颜色等浅层特征，很难表现出跟踪目标的深层语义信息。特征表示能力强大的卷积神经网络在目标跟踪领域有较大的应用潜力。2015 年后，相关滤波算法的深度学习特征逐渐代替了普通特征，精度得到了提高。2016 年后，孪生网络在目标跟踪领域展现出了非常大的优势，逐渐成为研究重点。

6.7　基于孪生网络的跟踪算法

运动模型、特征模型、观测模型、模型跟踪器和后处理是跟踪系统的几个模型。特征提取是跟踪系统中最重要的组成部分，合适的特征可以显著地提高跟踪效果。随着深度学习在特征提取中的优势逐渐展现，从 2015 年开始，利用深度学习进行目标跟踪的研究工作越来越多。

Siamese 网络将目标跟踪定义为匹配问题，抽取前一帧目标周围的候选框对应的特征，将其与模板（通常为第一帧）进行匹配得到跟踪结果。

SiamFC 将候选特征抽取和匹配过程转化为全卷积操作，通过模板特征在候选图特征上进行滑窗卷积，快速得到最大响应的位置。SiamFC 可以看成模板匹配的方法，有一个模板图像和一个搜索图像，在搜索区域找与模板最像的位置。SiamFC 充分发挥了深度学习特征表达的优势，但是不能调整目标框的大小，因此需要通过多尺度测试来解决不同尺寸的问题，但无法兼顾长宽比。SiamRPN 把 RPN 引入 SiamFC 中解决框不准的问题。把 RPN 引入跟踪当中可以调整框的大小，让框变得更准，同时可省掉多尺度测试的环节，提高速度。

DasiamRPN 从训练数据、模板更新和搜索区域 3 个角度对模型的稳健性进行了提升，使得 SiamRPN 网络能够适应长期跟踪。

SiamRPN++可将孪生网络加深。SiamFC 中的骨干网络使用的是只有 5 层的 AlexNet，且不含零填充。这是因为网络不能加零填充，否则会导致随着网络深度的增加，特征图越来越小，特征丢失过多。而加零填充则会破坏卷积的平移等变性。SiamRPN++认为零填充会给网络带来空间上的偏见，因为零填充就是在图片边缘加上像素值为 0 的数字，但是它们肯定不是跟踪的目标，神经网络会认为边缘都不是目标，即离边缘越远的越可能是目标。这就导致神经网络总是习惯认为图像中心的是目标，而忽视目标本身的特征。SiamRPN++在训练时让目标相对于中心偏移几个像素，不要总是在图片中央，实验表明偏移 64 个像素最佳。SiamRPN++也在 SiamRPN 的基础上做了一些改进，加深了骨干网络（使用了 ResNet-50）。与 SiamRPN++一样，SiamDW 也解决了孪生网络系列网络深度的问题。SiamDW 给出了设计 Siamese 跟踪网络的 4 个原则，分别是：①Siamese 跟踪网络偏向于比较小的步长，如 4 或 8；②网络感受野在输入模板大小的 60%~80%比较合适；③步长、感受野、输出大小相互耦合，在设计网络时要综合考虑；④Siamese 跟踪网络要消除零填充带来的感知不一致的问题。SiamRPN++依据上述原则设计了相应的模块，通过堆积模块加深网络，使深层 Siamese 网络在跟踪上效果有了显著提高。

SiamFC++针对孪生网络不合理的地方提出了 4 条改进策略：①跟踪网络需要有分类和位置估计两个分支；②分类和位置估计使用的特征图要分开；③孪生网络要匹配原始的模板，不能与预设定的锚框匹配；④不能加入数据分布的先验知识。SiamFC++采用这 4 条策略对网络进行设计，运用了多种损失联合训练，大大提高了跟踪性能。

基于孪生网络的跟踪算法可充分利用深度学习在特征提取方面的优势，相比于相关滤波算法，在跟踪准确率方面有很大的优势，但由于 CNN 计算量较大，导致其运行速度较慢。不过，随着 CNN 模型压缩与加速技术以及专用智能芯片技术的发展，基于孪生网络的跟踪算法也可能实时实现。

参考文献

[1] VARIOR R R, SHUAI B, LU J W, et al. A Siamese long short-term memory architecture for human Re-identification[M]//Computer Vision – ECCV 2016. Cham: Springer, 2016: 135-153.

[2] ZHENG L, HUANG Y J, LU H C, et al. Pose-invariant embedding for deep person Re-identification[J]. IEEE Transactions on Image Processing, 2019, 28(9): 4500-4509.

[3] ZHAO H Y, TIAN M Q, SUN S Y, et al. Spindle Net: person re-identification with human body region guided feature decomposition and fusion[C]//Proceedings of the 2017 IEEE Conference on Computer Vision and Pattern Recognition. Piscataway: IEEE Press, 2017.

[4] WEI L H, ZHANG S L, YAO H T, et al. GLAD: global-local-alignment descriptor for pedestrian retrieval[C]//Proceedings of the 25th ACM International Conference on Multimedia. New York: ACM Press, 2017.

[5] CHENG D, GONG Y H, ZHOU S P, et al. Person re-identification by multi-channel parts-based CNN with improved triplet loss function[C]//Proceedings of 2016 IEEE Conference on Computer Vision and Pattern Recognition. Piscataway: IEEE Press, 2016: 1335-1344.

[6] SUN Y F, ZHENG L, YANG Y, et al. Beyond part models: person retrieval with refined part pooling (and A strong convolutional baseline)[M]//Computer Vision – ECCV 2018. Cham: Springer, 2018: 501-518.

[7] ZHANG X, LUO H, FAN X, et al. Alignedreid: surpassing human-level performance in person re-identification[J]. arXiv preprint, 2017, arXiv: 1711.08184.

[8] ZHENG L, HUANG Y J, LU H C, et al. Pose invariant embedding for deep person

Re-identification[J]. arXiv preprint, 2017, arXiv: 1701.07732.

[9] ZHENG Z D, ZHENG L, YANG Y. A discriminatively learned CNN embedding for person re-identification[J]. ACM Transactions on Multimedia Computing, Communications, and Applications, 2018, 14(1): 1-20.

[10] ZHONG Z, ZHENG L, ZHENG Z D, et al. CamStyle: a novel data augmentation method for person re-identification[J]. IEEE Transactions on Image Processing, 2019, 28(3): 1176-1190.

[11] FAN X, JIANG W, LUO H, et al. SphereReID: deep hypersphere manifold embedding for person re-identification[J]. Journal of Visual Communication and Image Representation, 2019, 60: 51-58.

[12] HERMANS A, BEYER L, LEIBE B. In defense of the triplet loss for person Re-identification[J]. arXiv preprint, 2017, arXiv: 1703.07737.

[13] SCHROFF F, KALENICHENKO D, PHILBIN J. FaceNet: a unified embedding for face recognition and clustering[C]//Proceedings of 2015 IEEE Conference on Computer Vision and Pattern Recognition. Piscataway: IEEE Press, 2015: 815-823.

[14] LUO H, GU Y Z, LIAO X Y, et al. Bag of tricks and a strong baseline for deep person Re-identification[C]//Proceedings of 2019 IEEE/CVF Conference on Computer Vision and Pattern Recognition Workshops. Piscataway: IEEE Press, 2019: 1487-1495.

第 7 章

基于深度学习的人脸识别

人脸识别是计算机视觉领域一项应用非常广泛的任务，同样它也进入了深度学习时代。深度学习类人脸识别算法取得了很好的性能，目前的研究重点放在了设计各种损失函数上。本章重点介绍 Softmax、L-Softmax、SphereFace、CosFace、ArcFace（InsightFace）和大间隔损失的设计原理，以及常用的特征规范化和权重规范化，以便读者快速了解此项技术。

7.1 任务简介

人脸识别对从图像或视频中检测到的人脸进行特征提取，并将特征与数据库中存储的特征进行匹配，当相似度超过一定阈值时，则输出相应的匹配结果，完成人脸身份的确认。相比于指纹识别、视网膜识别和语言识别等其他生物特征识别技术，人脸识别的一大好处是具有非侵入性（人脸识别系统仅需要用户处于相机的视野内）。这使得人脸识别在深度学习相关领域的课题中属于商业落地情景较多、普及率较高的一项技术。人脸识别被广泛地应用于智慧金融（如刷脸支付）、智慧公安（如网络追逃）、智慧安检（如刷脸进车站）等场景。

广义的人脸识别还包括人脸检测和追踪、人脸关键点定位（可快速地定位人脸的眉毛、眼睛、鼻子、嘴巴和轮廓等，常用的有 5、23、83 个关键点）、人脸属性分析（可分析出性别、年龄、情绪、是否佩戴眼镜等）和人脸大规模搜索等。本章介绍的是狭义的人脸识别技术，即对对齐的人脸图片进行身份属性的识别。

7.1.1 人脸验证和人脸识别的区别

根据输入图片数量的不同，常见的任务主要有人脸验证和人脸识别。

人脸验证做的是 1:1 的对比，即判断两张图片里的人是否为同一人。它需要提前知道当前人的身份，并在库中将其模板图片调出来与当前采集到的图片进行对比，广泛用于人脸解锁、账号登录、车站身份验证等场景。人脸验证的工作过程可描述如下：用户注册时在人脸验证系统存储了一个人脸图像；当用户进行人脸验证时，系统将当前采集到的人脸图像和注册时的人脸图像进行相似度计算。如果相似度较高，则可判断为同一人；如果相似度较低，则解锁失败。距离阈值的设定是通过大量实验得到的。

人脸识别做的是 1:N 的对比，即判断系统当前见到的人是之前见过的众多人中的哪一个，人脸识别其实就是多次人脸验证。二者的不同点是，人脸验证给定的是已知身份的人脸图片，人脸识别给定的是一张未知身份的人脸图片。

7.1.2　图像分类和人脸识别的异同

目前，图像分类和人脸识别的相同点是采用 CNN 和损失函数完成任务，差异主要是损失函数和数据集的差异。

分类任务的训练集和测试集的目标类型可以重复，如训练集有猫，测试集也可以有猫。而人脸识别的训练集和测试集的目标类型不可重复。对于深度学习算法，数据集越大效果越好，这种大对于分类任务而言是指每个类中的样本要多（数据集要深），对于人脸识别任务而言是身份属性数要多（数据集要宽）。

一般，分类任务用普通的 Softmax 就能得到较好的效果，只需考虑类间差异即可。而人脸识别需要同时考虑类间差异和类内差异，普通的 Softmax 并不能满足要求，于是研究者提出了基于度量损失的方法。

7.1.3　技术难点

光照、表情、姿态、遮挡、年龄变化、人脸相似度、图像质量等因素都给人脸识别系统带来了困难。为了应对这些挑战，工业界和学术界采取了多项措施。

一般人脸识别系统会在限定场景下运行，例如人脸闸机会要求用户在良好的光照条件下正对摄像头，以避免采集到质量差的图片。为了提升人脸识别的性能，有时也会在训练数据里添加更多复杂场景和不同质量的照片。同时，设计具有较强特征提取能力的 CNN 和具有较强区分能力的损失函数（这是本章重点讲解的内容）也是常用的方法。

7.1.4 人脸识别算法原理

实际应用中人脸识别流程如图 7-1 所示。

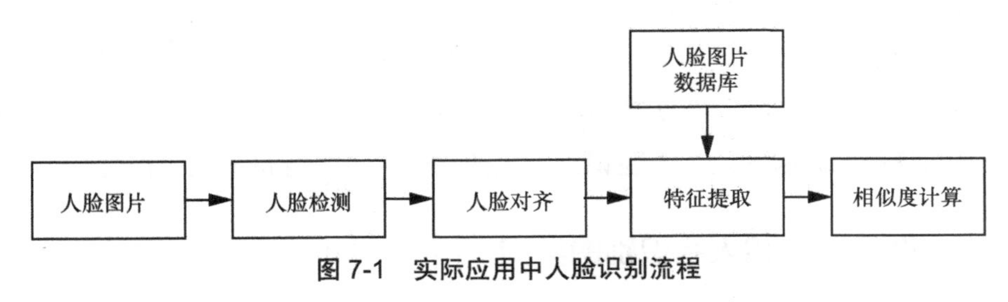

图 7-1 实际应用中人脸识别流程

人脸检测的任务是寻找图像中人脸的位置，返回检测到的每张人脸的边界框坐标。人脸对齐通过人脸特征点检测来实现，即找到人脸的各个关键点的位置（例如眉毛、嘴巴、眼睛等），并通过变换使得这些关键点处于图像中的固定位置，常见的人脸特征点个数是 5、23、83。人脸检测和人脸对齐的效果对识别结果会产生很大的影响。人脸特征提取用于提取具有稳健的表达能力的特征值，以便更好地区分个体，最后将输入的人脸与库中的人脸的特征进行逐一匹配（相似度计算或距离计算），得到相似度最高的那个身份属性，完成人脸识别。

与其他计算机视觉任务类似，影响基于 CNN 的人脸识别方法的准确度的因素主要有 3 个：训练数据、CNN 结构和损失函数。一般训练集类别数越多、图像数量越多，训练效果越好；CNN 的容量越大，识别能力越强。在 CNN 和数据集都确定之后，选择用于训练 CNN 的损失函数成为人脸识别性能提升的瓶颈，因此损失函数得到了大量的研究。

在深度学习领域的发展历程中，人脸识别呈现出两种主要的训练范式：一是基于分类的方法，如最早将深度学习应用到人脸识别领域的 DeepFace 和 DeepID 等；二是基于度量学习的方法，如 DeepID2 和 FaceNet 等。这两种训练方式采用的网络结构的主体都是卷积神经网络，区别在于：基于分类的方法是通过一个分类层间接地训练人脸特征，而基于度量学习的方法则是直接训练人脸特征。具体如图 7-2 和图 7-3 所示。

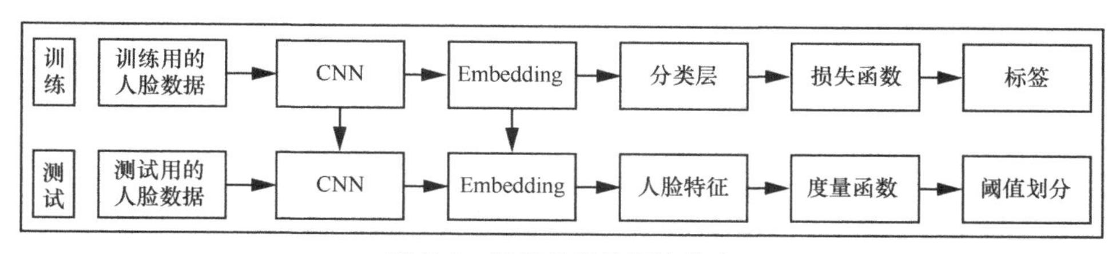

图 7-2　基于分类的训练范式

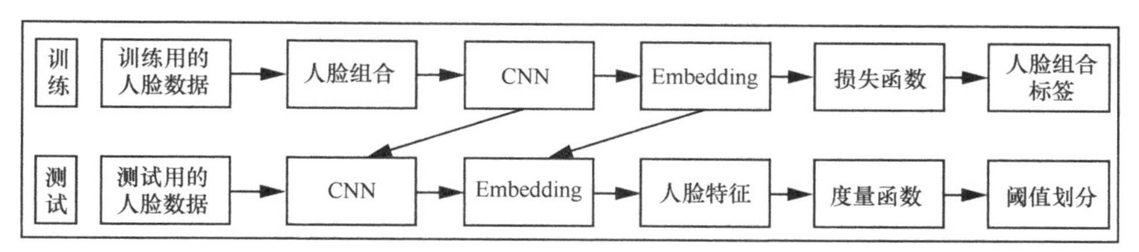

图 7-3　基于度量学习的训练范式

习惯上，模型最终形成的人脸特征被称为表示或者嵌入，本书采用嵌入的说法。在分类训练的方法中，输入的图片经过多层卷积网络处理之后，第一个全连接层形成人脸特征嵌入，最后的全连接层作为一个分类网络来训练嵌入。与分类方法不同的是，度量学习并不使用额外的分类层来训练嵌入，而是直接通过样本之间的距离来训练嵌入。通常来说，基于分类的训练方法具有收敛快、容易训练的特点，但由于损失函数并不直接用于人脸特征的训练，这种模型的泛化能力通常较差。而度量学习则直接训练人脸特征，得到的特征泛化能力更好，但其训练通常耗时更长，而且难以收敛。

2014 年，DeepFace 和 DeepID 的提出标志着基于深度学习的人脸识别技术的诞生。它们采用的是普通的 Softmax 损失，网络在第一个全连接层形成判别力很强的人脸特征，用于人脸识别。但有研究者认为使用这种损失函数无法很好地泛化到训练集中未出现过的 ID 上。这是因为 Softmax 损失有助于学习增大类间差异的特征（以便在训练集中区别不同的类），但不一定会降低类内差异。

因此，DeepID2、DeepID2+、DeepID3 以及 FaceNet 都采用了度量学习的训练方法。前三者采用了对比损失，FaceNet 采用了三元组损失。这几个模型的准确率有所提升，但收敛速度都非常慢。

在 2016 年和 2018 年，基于角间距（Angular Margin）的损失函数进一步推动了大间隔特征学习的发展，如 L-Softmax、A-Softmax、CosFace、ArcFace。

与此同时，特征和权重归一化也开始显示出优异的性能，这引出了对 Softmax 变种的研究，如 L2 Softmax。

| 7.2 Softmax 原理及存在的问题 |

7.2.1 Softmax 函数和 Softmax 损失

Softmax 函数和 Softmax 损失是两个比较容易混淆的概念。

Softmax 函数可将一个含有任意实数的 K 维向量 $\boldsymbol{Z}$ 压缩到另一个 K 维实向量中，使得每一个元素的范围都是 0~1，并且所有元素和为 1。计算式为：

$$\sigma(z)_i = \frac{\mathrm{e}^{z_i}}{\sum_{k=1}^{K}\mathrm{e}^{z_k}}, i = 1,\cdots,K \tag{7-1}$$

因为 Softmax 的输出元素之和为 1，可以作为类别的概率，所以常用于分类任务。例如，一个四分类的任务，网络层最后的输出是一个四维向量[-1, 1, 2, 3]，经过 Softmax 函数处理后，变成了[0.012, 0.088, 0.241, 0.657]，即这 4 个类别的概率分别是 0.012、0.088、0.241、0.657。

一个长度为 K 的向量 $\boldsymbol{Z}$，经过 Softmax 函数计算后得到输出向量$\boldsymbol{\sigma}$，则 Softmax 损失为：

$$\mathrm{SL} = -\sum_{k=1}^{K} y_k \log(\sigma_k) \tag{7-2}$$

其中，$\boldsymbol{y}_k$ 是一个长度为 K 的独热向量，只有真实值元素的值为 1，其余元素的值均为 0。因此，式（7-2）可以简写为：

$$\mathrm{SL} = -y\log(\boldsymbol{\sigma}) = -\log(\boldsymbol{\sigma}) \tag{7-3}$$

交叉熵损失计算式为：

$$\mathrm{CE}=-\sum\nolimits_{k=1}^{K}\boldsymbol{y}_k\log(\sigma_k)=-\log(\boldsymbol{\sigma}) \tag{7-4}$$

当交叉熵的输入 $\boldsymbol{\sigma}$ 是 Softmax 的输出时，即得到 Softmax 损失。

2014 年提出的 Deepface 和 DeepID 用的就是 Softmax 损失，取得了较好的效果，但是存在较大的问题。

7.2.2　Softmax 存在的问题

Softmax 鼓励不同类别的特征分开，但并不鼓励特征分离很多，如表 7-1 中序号 3 的损失已经很小了，此时模型接近收敛，梯度很难再下降。假设有一个输入 I，其正确的类别为 2，表 7-1 列出了模型在分类层的输出、Softmax 的输出以及损失值。

表 7-1　Softmax 损失值数据集

序号	分类层输出	Softmax 输出	损失值
1	[3, 3, 4, 3]	[0.175, 0.175, 0.475, 0.175]	0.744
2	[3, 3, 5, 3]	[0.096, 0.096 0.711, 0.096]	0.341
3	[3, 3, 7, 3]	[0.017, 0.017, 0.948, 0.017]	0.053
4	[3, 3, 10,3]	[0.001, 0.001, 0.997, 0.001	0.003

通常，分类层输出的这个分类被称为 logit，Softmax 的一个性质是能够放大微小的类别间的 logit 差异，加快网络的收敛。如表 7-1 中的序号 3，其正确类别的概率不到 50%，如果想继续提高分类准确率，就必须增大模型对不同类别输出的差异，而模型要学习到这样的输出是比较难的。但是，经过 Softmax 处理后，其概率变为 94.8%。这归功于 Softmax 中的指数操作，其可以迅速放大原始的 logit 之间的差异，使得“正确类别概率接近于 1”的训练目标变得简单很多。

普通图像分类任务可以看成表征学习，模型提取的特征呈现明显的线性可分现象，不同类别的特征分布在若干个超平面分割的子空间中，如图 7-4 所示。

度量学习模型提取的特征呈现明显的聚类效应，相同类别的特征围绕某个中心呈环形分布，同时具有类内紧凑性和类间可分性，因此比较适用于人脸识别，如图 7-5 所示。

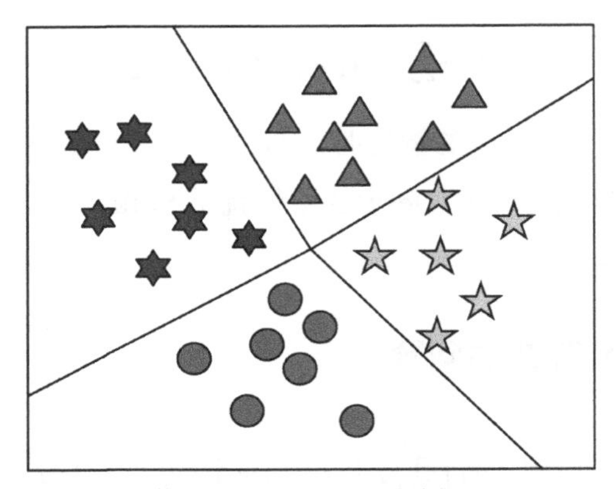

图 7-4　表征学习示意图

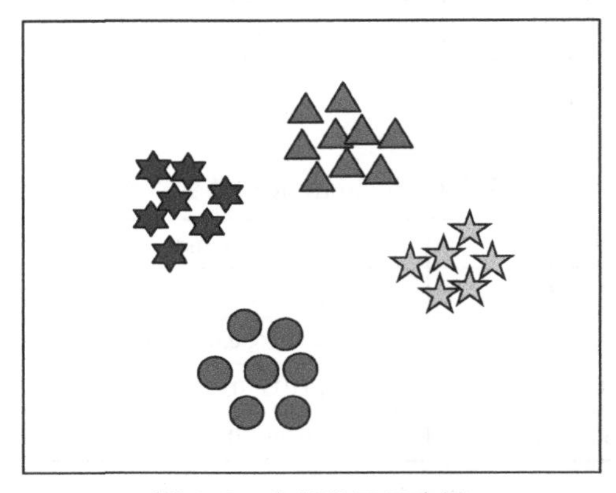

图 7-5　度量学习示意图

7.3　度量损失

2015 年之后出现了多个通过度量损失优化人脸识别的算法。常用的度量损失方法有对比损失、三元组损失、四元组损失（Quadruplet Loss）、难样本采样三元组损失、边界挖掘损失等。

7.3.1　对比损失

对比损失用于训练孪生网络，代表模型为 DeepID2。DeepID2 的输入为一对图片，每一对训练图片都有一个标签 y。y=1 表示两张图片属于同一个人（正样本对），y=0 表示两张图片属于不同的人（负样本对）。

计算式为：

$$L(d,y)=\frac{1}{2N}\sum_{i=1}^{N}y_i d_i^2+(1-y_i)\max(\text{margin}-d_i,0)^2 \tag{7-5}$$

其中，N 是每个批量的大小，y 是标签，取值为 0 或 1。1 代表两个图片是相同的样本，0 代表两个图片是不同的样本。间隔是人为设定的阈值，d 是每对样本的欧氏距离。

$$d_i=\|a_i-b_i\|_2 \tag{7-6}$$

其中，$\boldsymbol{a}$ 和 $\boldsymbol{b}$ 分别是要比较距离的两个样本最后计算出来的特征（一个向量）。

根据对比损失的定义，当两个样本一样时，y=1，优化的目标是让 d_i^2 尽量小，让相同的样本尽量靠近；当两个样本不同时，y=0，优化的目标是让 $\max(\text{margin}-d_i,0)^2$ 尽量小，也就是 d 尽量大以接近间隔，让不同的样本尽量远离。

7.3.2　三元组损失

2015 年提出的 FaceNet 模型采用了三元组损失函数来训练人脸识别模型，如图 7-6 所示。

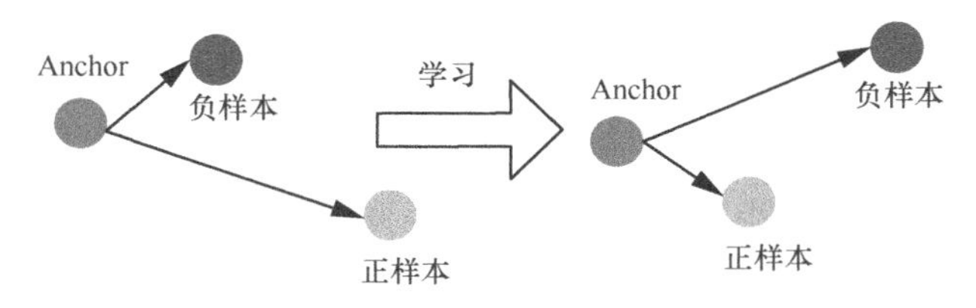

图 7-6　三元组损失函数示意图

三元组损失是度量学习中的一种常用的损失函数。模型使用参考点、正样本和负样本构建三元组作为输入，其中，参考点与正样本是同一个体的不同图片，负样本是与参考点不相同的个体的图片。训练的目标是：最小化参考点与正样本间的距离（类内距离），同时最大化参考点与负样本间的距离（类间距离）。同样地，模型并不直接学习标签，而是学习标签与标签之间的关系。

训练时，对于任意一个三元组$(x_i^a,x_i^P,x_i^n)\in T$，都要满足正样本组(x_i^a,x_i^p)的距离小于负样本组(x_i^a,x_i^p)的距离。具体而言，在 FaceNet 中要求满足式（7-7）：

$$\left\|f(x_i^a)-f(x_i^p)\right\|_2^2+a<\left\|f(x_i^a)-f(x_i^n)\right\|_2^2 \tag{7-7}$$

其中，a是一个常数，表示类内距离与类间距离的最小间距。

由以上计算式，可得三元组损失函数为：

$$L=\sum_i^N\left[\left\|f(x_i^a)-f(x_i^p)\right\|_2^2-\left\|f(x_i^a)-f(x_i^n)\right\|_2^2+a\right] \tag{7-8}$$

其中，中括号里的第一项表示类内距离，第二项表示类间距离。训练时最小化损失函数意味着最小化类内距离，同时最大化类间距离，并使得两个距离之间保持最小距离a。

在实践中，使用三元组损失训练的 CNN 的收敛速度比使用 Softmax 的慢，三元组损失难以实现。例如在一个包含 1000 个个体、每个个体有 20 张图片的数据集中，会有(1000×20)×19×(20×999)个组合。因为图片数量多，组合方式多，难以穷举，所以只能选择其中一些组合，这就是采样方法。

一般，当样本对数量比较多时，模型性能往往会更好，当样本对的质量高时，模型性能也会好。如何用正负样本构建三元组，对模型训练的效率和性能有很大影响。如果只是随机从训练数据中抽样 3 张图片，会导致大部分抽样是简单易区分的样本对。用这些简单的样本对来训练网格是不利于网络学习到更好的人脸特征的。用更难的样本训练网络能够提高网络的泛化能力。FaceNet 采用了全部的正样本组，只对负样本组进行难样本（以及半难样本）挖掘。

由于 FaceNet 在大规模的数据集上采用度量学习的方式训练，它的人脸表示嵌入可以在保持低维度的同时保持较高的准确度。不过，度量学习相比于分类训练更难收敛。FaceNet 训练的时间长达 700h，而用分类方法训练的模型通常可以在一两天内收敛。

在 FaceNet 提出之后，有不少研究者在它的基础上提出改进，如四元组损失等。另外，随着公开数据集的增加以及卷积网络结构的持续改进，研究者通过改进分类训练的方法，在较小的数据集上实现了比 FaceNet 更高的准确率。

| 7.4 大间隔损失 |

2016 至 2019 年，大间隔损失（Large Margin Loss）的提出进一步推动了人脸识别的发展。大间隔损失是显式的类内夹角约束，目标是让同一类的所有特征向量都拉向该类别的权值向量。

2016 年，L-Softmax（Large-Margin Softmax）首次在 Softmax 损失上引入了间隔的概念。2017 年，NormFace 与 SphereFace 均提出进行分类权重规范化。NormFace 给出了非常详细的理论推导，SphereFace 由 L-Softmax 的作者提出，在 L-Softmax 上引入了分类权重规范化。

2018 年，CosFace（以及 AM-Softmax）继续在 SphereFace 的基础上改进，将 SphereFace 在角空间的乘性间距改成在余弦空间的加性间距。

2019 年，ArcFace 将余弦空间的加性间距改成角空间的加性间距。

这些损失函数都是基于 Softmax 损失进行的改进，因此这里重写如下：

$$L=-\frac{1}{n}\sum_{i=1}^{n}\log\frac{\mathrm{e}^{\boldsymbol{W}_{y_i}^{\mathrm{T}}x_i+b_{y_i}}}{\sum_j \mathrm{e}^{\boldsymbol{W}_j^{\mathrm{T}}x_i+b_j}} \tag{7-9}$$

其中，$\boldsymbol{W}$ 是权重矩阵，b 是偏置项，x_i 是第 i 个训练样本，y_i 是第 i 个训练样本的类别标签，n 是样本数。后续的讨论中，将引用上面这个 Softmax 损失计算式。

7.4.1 L-Softmax

L-Softmax 是大间隔损失系列的开创者。首先，将 Softmax Loss 中的偏置项置 0，把矩阵相乘转换成向量的模与夹角的形式。得到，

$$L=-\frac{1}{n}\sum_{i=1}^{n}\log\frac{\mathrm{e}^{\|\boldsymbol{W}_{y_i}\|\|x_i\|^{\cos\theta}}}{\sum_{j\neq y_i}\mathrm{e}^{\|\boldsymbol{W}_j\|\|x_i\|\cos\theta_j}+\mathrm{e}^{\|\boldsymbol{W}_{y_i}\|\|x_i\|\cos\theta}} \tag{7-10}$$

然后加强分类条件，强制让对应类别的 $\boldsymbol{W}$ 和 x 夹角增加到原来的 m 倍，得到：

$$L=-\frac{1}{n}\sum_{i=1}^{n}\log\frac{\mathrm{e}^{\|W_{y_i}\|\|x_i\|\cos(m\theta)}}{\sum_{j\neq y_i}\mathrm{e}^{\|W_j\|\|x_i\|\cos\theta_j}+\mathrm{e}^{\|W_{y_i}\|\|x_i\|\cos(m\theta)}} \tag{7-11}$$

在不加约束的情况下，$\cos(m\theta)$ 并非单调减函数，因此增加了约束，得到最终的 L-Softmax 计算式：

$$L=-\frac{1}{n}\sum_{i=1}^{n}\log\frac{\mathrm{e}^{\|W_{y_i}\|\|x_i\|\psi(\theta)}}{\sum_{j\neq y_i}\mathrm{e}^{\|W_j\|\|x_i\|\cos\theta_j}+\mathrm{e}^{\|W_{y_i}\|\|x_i\|\psi(\theta)}} \tag{7-12}$$

其中，

$$\psi(\theta)=(-1)^k\cos(m\theta)-2k,\theta\in\left[\frac{k\pi}{m},\frac{(k+1)\pi}{m}\right] \tag{7-13}$$

通过可视化特征可知，Softmax 损失学习到的类间特征是比较明显的，但是类内样本比较分散。而 L-Softmax 损失的类内样本更加紧凑。

Softmax 只有一个分类面，而 L-Softmax 在 Softmax 的基础上对 $\boldsymbol{W}$ 和 x 的角度引入正整数扩充 m，使分类条件更加严苛，此时分类面变成了两个，并且两个分类面中间存在$(m-1)$倍角度的间隙，这就是所谓的 Large-Margin。通过 Large Margin 的可视化解释，可以发现，一般决策边界仅是刚好分开了两种训练的类别，而 L-Softmax 有两个决策边界，这两个边界之间是决策的间隔，且类别样本之间显得更加紧凑，对于未出现在训练集中的样本显然更加稳健，而这对于人脸识别的成功应用是十分关键的。

7.4.2 SphereFace

研究者将 L-Softmax 应用到人脸识别领域，提出了 SphereFace，其损失函数称为 Angular Softmax（以下简称 A-Softmax）。

在 L-Softmax 的基础上，A-Softmax 为了降低样本数量不均衡的影响，引入分类权重归一化，得到：

$$L=-\frac{1}{n}\sum_{i=1}^{n}\log\frac{\mathrm{e}^{\|x_i\|\psi(\theta)}}{\sum_{j\neq y_i}\mathrm{e}^{\|x_i\|\cos\theta_j}+\mathrm{e}^{\|x_i\|\psi(\theta)}} \tag{7-14}$$

其中，

$$\psi(\theta)=(-1)^k\cos(m\theta)-2k,\theta\in\left[\frac{k\pi}{m},\frac{(k+1)\pi}{m}\right] \tag{7-15}$$

A-Softmax 有 L-Softmax 的全部特点，关于权重归一化的部分，留在后面讨论。

A-Softmax 和 L-Softmax 是乘性间隔的代表，直接以这种损失函数训练模型，模型收敛缓慢。因此，在实验中，研究者通常采用模拟退火方法，先在 Softmax 损失上训练，再逐渐过渡到 L-Softmax 和 A-Softmax。

7.4.3 CosFace

由于 L-Softmax 和 A-Softmax 的乘性间隔导致模型难以训练，CosFace 以及同时期提出的 AM-Softmax 采用了加性间隔，从而在提升模型性能的同时，使训练难度大幅降低。

CosFace 提出附加间距：$\cos\theta-m$，代替 SphereFace 中的乘性间距，并对特征 x 做归一化，采用了固定放缩因子 s。其损失函数如下：

$$L=-\frac{1}{n}\sum_{i=1}^{n}\log\frac{\mathrm{e}^{s(\cos\theta_{y_i}-m)}}{\sum_{j\neq y_i}\mathrm{e}^{s\cos\theta_j}+\mathrm{e}^{s(\cos\theta_{y_i}-m)}} \tag{7-16}$$

7.4.4 ArcFace

ArcFace 提出了以下附加间距：$\cos(\theta+m)$，其损失函数为：

$$L=-\frac{1}{n}\sum_{i=1}^{n}\log\frac{\mathrm{e}^{s\cos(\theta_{y_i}+m)}}{\sum_{j\neq y_i}\mathrm{e}^{s\cos\theta_j}+\mathrm{e}^{s\cos(\theta_{y_i}+m)}} \tag{7-17}$$

ArcFace 同样采用加性间距，从 CosFace 的余弦空间变为角空间，权重和特征也同样做了归一化，固定因子 s=64。在基于 L2 正则化权重和特征的角度空间中，直接最大化决策边界。ArcFace 提出的监督信号更倾向于角度上的分解，有更好的几何解析能力，重要的是，在基于 L2 正则化权重和特征的角度空间中，直接最大化决策边界，使其获得更具有判别能力的特征。

ArcFace 的嵌入特征分布在超球面上的每个特征中心周围，在特征和权重向量之间增加了一个附加的角余量惩罚 m，可以同时增强类内紧凑性和类间离散性。

7.4.5 大间隔损失总结

接下来分析 Softmax、SphereFace、CosFace 和 ArcFace 的损失函数的分类边界。

若以二分类来研究，则 Softmax 损失可变形为：

$$L=-\frac{1}{n}\sum_{i=1}^{n}\log\frac{\mathrm{e}^{\boldsymbol{W}_{y_i}^{\mathrm{T}}x_i+b_{y_i}}}{\mathrm{e}^{\boldsymbol{W}_{y_i}^{\mathrm{T}}x_i+b_{y_i}}+\mathrm{e}^{\boldsymbol{W}_j^{\mathrm{T}}x_i+b_j}} \tag{7-18}$$

其中，$\boldsymbol{W}_{y_i}^{\mathrm{T}}$、$b_{y_i}$ 代表正确标签的分类权重和偏置。$\boldsymbol{W}_j^{\mathrm{T}}$、$b_j$ 代表错误标签的分类权重和偏置。前者除以两者之和，就得到正确分类的概率值 p，也就是 log 函数的输入。

现在，以输入 x 为例来分析 Softmax 的分类决策。根据式（7-18），得到 x 分别属于类别 1、2 的概率为：

$$p_{c_1}=\frac{\mathrm{e}^{\boldsymbol{W}_{c_1}^{\mathrm{T}}x_i+b_{c_1}}}{\mathrm{e}^{\boldsymbol{W}_{c_1}^{\mathrm{T}}x_i+b_{c_1}}+\mathrm{e}^{\boldsymbol{W}_{c_2}^{\mathrm{T}}x_i+b_{c_2}}} \tag{7-19}$$

$$p_{c_2}=\frac{\mathrm{e}^{\boldsymbol{W}_{c_2}^{\mathrm{T}}x_i+b_{c_2}}}{\mathrm{e}^{\boldsymbol{W}_{c_1}^{\mathrm{T}}x_i+b_{c_1}}+\mathrm{e}^{\boldsymbol{W}_{c_2}^{\mathrm{T}}x_i+b_{c_2}}} \tag{7-20}$$

若 x 属于类别 1，则有 $p_{c_1}>p_{c_2}$；反之，有 $p_{c_1}<p_{c_2}$。因此，Softmax 的决策边界只有一条，即 $p_{c_1}=p_{c_2}$，即：

$$\frac{\mathrm{e}^{\boldsymbol{W}_{c_1}^{\mathrm{T}}x_i+b_{c_1}}}{\mathrm{e}^{\boldsymbol{W}_{c_1}^{\mathrm{T}}x_i+b_{c_1}}+\mathrm{e}^{\boldsymbol{W}_{c_2}^{\mathrm{T}}x_i+b_{c_2}}}=\frac{\mathrm{e}^{\boldsymbol{W}_{c_2}^{\mathrm{T}}x_i+b_{c_2}}}{\mathrm{e}^{\boldsymbol{W}_{c_1}^{\mathrm{T}}x_i+b_{c_1}}+\mathrm{e}^{\boldsymbol{W}_{c_2}^{\mathrm{T}}x_i+b_{c_2}}} \tag{7-21}$$

可化简得：

$$\boldsymbol{W}_{c_1}^{\mathrm{T}}x_i+b_{c_1}=\boldsymbol{W}_{c_2}^{\mathrm{T}}x_i+b_{c_2} \tag{7-22}$$

即：

$$(\boldsymbol{W}_{c_1}^{\mathrm{T}}-\boldsymbol{W}_{c_2}^{\mathrm{T}})x+b_{c_1}-b_{c_2}=0 \tag{7-23}$$

将偏置置 0，并进行特征、权重归一化之后，得到：

$$\cos\theta_{c_1} - \cos\theta_{c_2} = 0 \quad (7\text{-}24)$$

$$\theta_{c_1} - \theta_{c_2} = 0 \quad (7\text{-}25)$$

注意，此时 θ_{c_1}、θ_{c_2} 仍是与输入 x_i 相关的变量，而非常量。

因为我们将在角空间中对比这几种损失，所以令 $x' = \theta_{c_1}$，$y' = \theta_{c_2}$，则有：

$$y' = x' \quad (7\text{-}26)$$

于是可画出 Softmax 的决策边界，它是一条斜率为 1、过中心原点的直线，如图 7-7（a）所示。

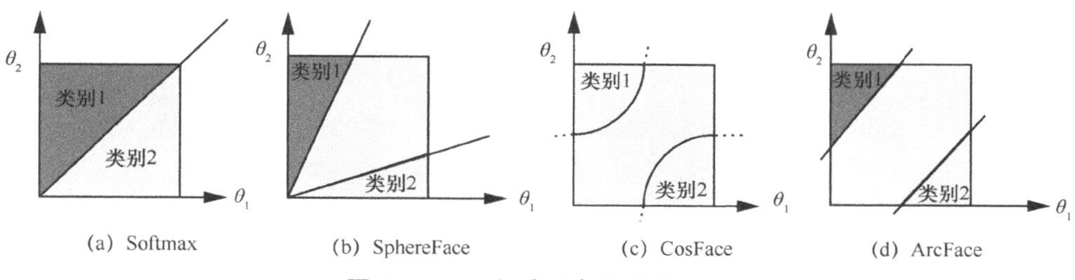

图 7-7　不同损失函数的决策边界

接下来，看看 SphereFace 的决策边界。与 Softmax 的决策边界推理过程基本相似，不同的是，SphereFace 的决策边界有两条。当 x_i 分别属于类别 1、2 时，有：

$$\|x\|(\cos m\theta_{c_1} - \cos\theta_{c_2}) = 0 \quad (7\text{-}27)$$

$$\|x\|(\cos m\theta_{c_2} - \cos\theta_{c_1}) = 0 \quad (7\text{-}28)$$

以其中一条边界为例：

$$\|x\|(\cos m\theta_{c_1} - \cos\theta_{c_2}) = 0 \quad (7\text{-}29)$$

令 $x' = \theta_{c_1}$，$y' = \theta_{c_2}$，则得：

$$\|x\|(\cos mx' - \cos y') = 0 \quad (7\text{-}30)$$

由于 $\|x\|$ 是常量，可化简得：

$$\cos mx' - \cos y' = 0 \quad (7\text{-}31)$$

于是，

$$y' = mx' \quad (7\text{-}32)$$

这里得到的是图 7-7（b）中靠近类别 1 的边界，是一条斜率为 m、过中心原点的直线。同理可求得另一条边界，是斜率为 $1/m$、过中心原点的直线。

与 SphereFace 相似，CosFace 有两条边界。当 x_i 分别属于类别 1、2 时，有：

$$s(\cos\theta_{c_1} - m - \cos\theta_{c_2}) = 0 \quad (7\text{-}33)$$

$$s(\cos\theta_{c_2} - m - \cos\theta_{c_1}) = 0 \quad (7\text{-}34)$$

令 $x' = \theta_{c_1}$，$y' = \theta_{c_2}$，则得：

$$s(\cos x' - m - \cos y') = 0 \quad (7\text{-}35)$$

$$s(\cos y' - m - \cos x') = 0 \quad (7\text{-}36)$$

化简得：

$$\cos x' - \cos y' = m \quad (7\text{-}37)$$

$$\cos y' - \cos x' = m \quad (7\text{-}38)$$

如图 7-7（c）所示，其边界是曲线，间距 m 位于余弦空间之中。

再来看看 ArcFace 的两条边界，经过同样的变换，得到：

$$\cos(x' + m) - \cos y' = 0 \quad (7\text{-}39)$$

$$\cos(y' + m) - \cos x' = 0 \quad (7\text{-}40)$$

由于间距 m 位于 cos 函数之内，可继续化简得：

$$y' = x' + m \quad (7\text{-}41)$$

$$y' = x' - m \quad (7\text{-}42)$$

如图 7-7（d）所示，ArcFace 的决策边界是斜率为 1、截距为正负 m 的两边直线。

通过分析 Softmax、SphereFace、CosFace 以及 ArcFace 损失函数的决策边界，可以直观理解大间隔 m 在不同的位置是如何对决策边界产生影响的。从可解释性以及实验结果来看，ArcFace 似乎更胜一筹。但也有研究表明，这些损失函数的实际差距并不大。

此外，研究者还将 SphereFace、CosFace 以及 ArcFace 提出的 3 种间隔同时应用到损失函数之中，提出了组合间隔。

7.5 特征规范化和权重规范化

特征规范化（Feature Normalization）及权重规范化（Weight Normalization）是人脸识别领域中的重要方法。通常采用的是 L2 归一化，其一般计算式为：

$$x=[x_1,x_2,x_3,\cdots,x_n] \tag{7-43}$$

$$y=[y_1,y_2,y_3,\cdots,y_n] \tag{7-44}$$

$$y=\frac{x}{\sqrt{\sum_{i=1}^{n}x_i^2}}=\frac{x}{x^{\mathrm{T}}x} \tag{7-45}$$

特征规范化早在 2014 年提出的 DeepFace 中就有所应用了。研究者发现在预测阶段对人脸特征进行规范化能够显著提升人脸识别的准确率。这个技巧的理论基础在后来的论文中有所探讨，尤其是 NormFace，在总结前人研究的基础上，对特征规范化和权重规范化的作用进行了详细的分析。

为什么要做权重规范化？这首先要从样本不均衡的问题说起，这一问题在常见的人脸识别数据集中很普遍，训练数据不均衡会显著影响权重的范数。对于样本数量很多的类别，模型在训练过程中会偏向输出这些类别，因此，这些类别的权重范数会更大。但希望每个类别中无论用于训练的样本是多是少，模型都能平等对待。权重规范化的作用就是减少不同样本数目带来的权重差异，以实现更佳的优化效果。

特征规范化在早期被视为提升人脸识别效果的技巧，人脸特征之间的距离采用欧几里得距离（如 DeepFace、FaceNet）。由于欧氏距离直接受到特征向量范数的影响，余弦相似度逐渐成为人脸特征相似度计算的主流方法（如 NormFace、SphereFace、CosFace、ArcFace）。为了理解特征规范化的原理，这里先分析原始的 Softmax 损失的优化过程。

在训练过程中，优化 Softmax 等同于以下操作。

- 增大正确类别的权重范数：其结果是样本量越多，容易分类的类别的权重范数会变大。
- 增大样本的特征范数：其结果是容易分类的样本范数大，困难样本范数小。
- 缩小特征与权重之间的夹角。

在实际训练过程中，上面的 3 种变化会同时发生。尽管分类的精度可以很高，但是这样学习得到的特征分布对困难样本是敏感的，泛化能力较差。这同时也说明了，使用欧氏距离作为特征之间的度量是不稳定的，因为它依赖于特征的范数。而如果将角度作为特征之间差异的度量，就可以不受特征范数不稳定的影响。因此，可以让网络向缩小特征和权重的夹角这个方向去学习。

可以通过同时进行权重规范化和特征规范化来达到这一目的。2017 年，CrystalLoss（也就是 L2-Softmax）实现了特征规范化，并且大量的分析实验证明这个简单的技巧对分类问题非常有效。

在对权重和特征进行规范化之后，可以直接优化权重和特征的夹角。可是这个夹角的范围非常有限，仅为[−1,1]。NormFace 证明了此时损失值的下界为：

$$\log(1+(n-1))\mathrm{e}^{-\frac{n}{n+1}l^2} \tag{7-46}$$

其中，n 为类别数，l 的值为特征向量的模。因为使用了规范化，所以 $l=1$。

举例来说，训练 CASIA-WebFace（n=10575）时，损失值会从约 9.27 下降到 8.50，8.50 已经非常接近下界 8.27 了，这使得模型无法收敛。将夹角的值乘一个放缩因子 s，可解决此问题。NormFace 采用的是动态放缩，但同时指出，固定 s 的值为 20、30 等足够大的数，也能够使模型收敛。

由于特征规范化和权重规范化的优越性，两者已经成为训练人脸识别模型的标准配置。

参考文献

[1] LIU W Y, WEN Y D, YU Z D, et al. SphereFace: deep hypersphere embedding for face recognition[C]//Proceedings of 2017 IEEE Conference on Computer Vision and Pattern Recognition. Piscataway: IEEE Press, 2017: 6738-6746.

[2] XIAO Q Q, LUO H, ZHANG C. Margin sample mining loss: a deep learning based method for person re-identification[J]. arXiv preprint, 2017, arXiv: 1710.00478.

[3] HERMANS A, BEYER L, LEIBE B. In defense of the triplet loss for person re-identification[J]. arXiv preprint, 2017, arXiv: 1703.07737v2.

[4] WANG H, WANG Y T, ZHOU Z, et al. CosFace: large margin cosine loss for deep face recognition[C]//Proceedings of 2018 IEEE/CVF Conference on Computer Vision and Pattern Recognition. Piscataway: IEEE Press, 2018: 5265-5274.

[5] HADSELL R, CHOPRA S, LECUN Y. Dimensionality reduction by learning an invariant mapping[C]//Proceedings of 2006 IEEE Computer Society Conference on Computer Vision and Pattern Recognition. Piscataway: IEEE Press, 2006: 1735-1742.

[6] SUN Y F, CHENG C M, ZHANG Y H, et al. Circle loss: a unified perspective of pair similarity optimization[C]//Proceedings of 2020 IEEE/CVF Conference on Computer Vision and Pattern Recognition. Piscataway: IEEE Press, 2020: 6397-6406.

[7] OUYANG W L, ZENG X Y, WANG X G, et al. DeepID-net: deformable deep convolutional neural networks for object detection[J]. IEEE Transactions on Pattern Analysis and Machine Intelligence, 2017, 39(7): 1320-1334.

[8] SUN Y, LIANG D, WANG X G, et al. DeepID3: face recognition with very deep neural networks[J]. arXiv preprint, 2015, arXiv: 1502.00873v1.

[9] TAIGMAN Y, YANG M, RANZATO M, et al. DeepFace: closing the gap to human-level performance in face verification[C]//Proceedings of 2014 IEEE Conference on Computer Vision and Pattern Recognition. Piscataway: IEEE Press, 2014: 1701-1708.

[10] HUANG G B, MATTER M, BERG T, et al. Labeled faces in the wild: a database for studying face recognition in unconstrained environments[R]. Amherst: University of Massachusetts, 2007.

[11] SCHROFF F, KALENICHENKO D, PHILBIN J. FaceNet: a unified embedding for face recognition and clustering[C]//Proceedings of 2015 IEEE Conference on Computer Vision and Pattern Recognition. Piscataway: IEEE Press, 2015: 815-823.

[12] WEN Y D, ZHANG K P, LI Z F, et al. A discriminative feature learning approach for deep face recognition[M]//Computer Vision – ECCV 2016. Cham: Springer, 2016: 499-515.

[13] WANG F, XIANG X, CHENG J, et al. NormFace: L_2 hypersphere embedding for face verification[C]//Proceedings of the 25th ACM international conference on Multimedia. New York: ACM Press, 2017: 1041-1049.

[14] LIU W Y, WEN Y D, YU Z D, et al. SphereFace: deep hypersphere embedding for face recognition[C]//Proceedings of 2017 IEEE Conference on Computer Vision and Pattern Recognition.

Piscataway: IEEE Press, 2017: 6738-6746.

[15] WANG F, CHENG J, LIU W Y, et al. Additive margin Softmax for face verification[J]. IEEE Signal Processing Letters, 2018, 25(7): 926-930.

[16] DENG J K, GUO J, YANG J, et al. ArcFace: additive angular margin loss for deep face recognition[C]//Proceedings of IEEE Transactions on Pattern Analysis and Machine Intelligence. Piscataway: IEEE Press, 2019: 4690-4699.

[17] LIU W Y, WEN Y D, YU Z D, et al. Large-margin Softmax loss for convolutional neural networks[J]. arXiv preprint, 2016, arXiv: 1612.02295.

第8章 基于深度学习的图像超分辨率重建方法

图像超分辨率重建是计算机视觉领域较少被关注的一项任务，相对于其他任务，它属于底层操作，目前深度学习在这一领域也起到了主导作用。本章首先对图像超分辨率重建这一任务进行了简单的介绍，之后简单地介绍了传统方法，最后重点介绍了基于卷积神经网络的图像超分辨率重建算法的原理，对于快速了解深度学习时代的图像超分辨率重建算法大有裨益。

8.1 任务简介

通常情况下，一幅图像的分辨率大小决定了该图像描述细节信息的能力高低，分辨率的大小与图像清晰度的优劣是成正比的。如图 8-1 中所示的靶标图像，图 8-1（a）~（c）分别对应 50×50、100×100、200×200 的分辨率。对比可知，一幅图像的分辨率越高，即图像单位尺寸中包含的像素点越多，该图像能够提供的信息内容越丰富。因此，图像的分辨率越高，能从中“识别”的目标就越多，图像中相应的信息也越多。

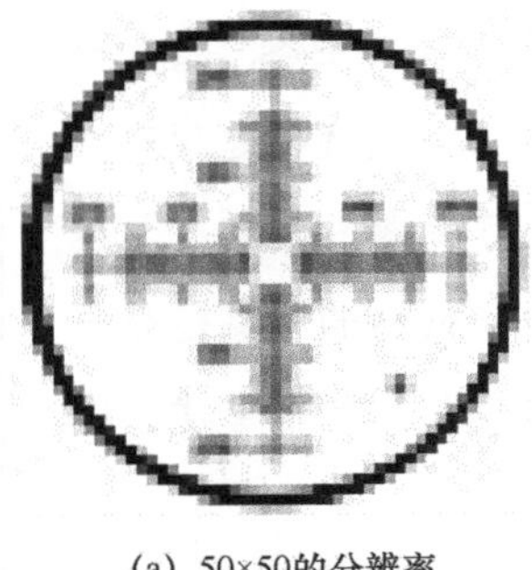

(a) 50×50的分辨率

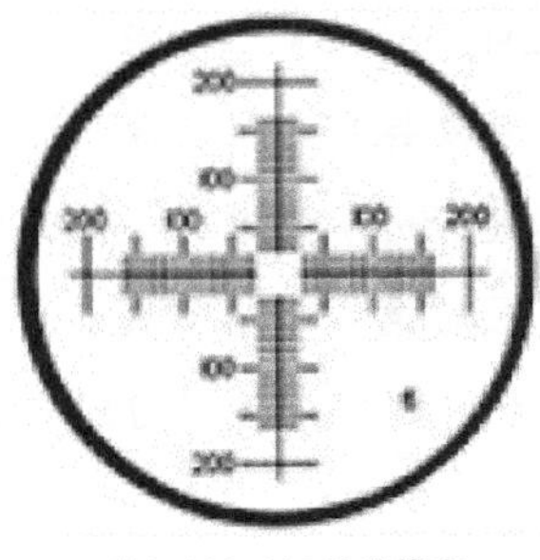

(b) 100×100的分辨率

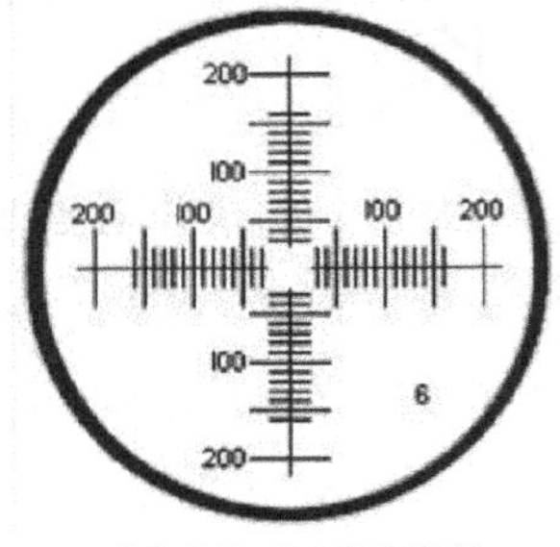

(c) 200×200的分辨率

图 8-1　不同分辨率下的图像

随着图像在各个领域中应用的不断深入，人们对高分辨率（High Resolution，HR）图像的需求也日益增长。高分辨率图像能够改善图像的视觉效果，使图像更符合人类或计算机的处理要求，在监控设备、卫星图像和医学影像等领域有举足轻重的应用价值。要提升图像的分辨率，最直接、最根本的办法是提高成像系统的性能，包括增大镜头焦距、提高传感器密度、提高光学成像系统的整体设计制造水平等。增大镜头焦距会使成像系统的体积和重量相应增大，同时也需要高昂的制作成本。成像系统中的传感器通常以二维阵列排列来获取二维图像信号，采集到的图像的分辨率大小取决于传感器的尺寸大小和单元面积上传感器的数量多少，成像系统中使用的传感器密度越大，采集到的图像质量越好。然而，提高成像系统中传感器的密度会相应减少每个像元的感光面积，随着感光面积的减小，传感器能够捕获的光线数量也会相应减少，从而引入了散粒噪声，同时也会导致各个像元之间的电荷干扰增加，此外也大幅地增加了成本。

通过购买昂贵的成像设备来获取高分辨率图像在许多实际应用中也是难以实现的，比如广泛使用的监控探头与手机内置摄像头等，在实际应用时除了需要考虑设备成本这一问题，还需要考虑设备本身的功率消耗等问题。与此同时，在忽略制作成本的情况下，监控探头获取到的图像的分辨率也会受到数据传输速度与存储硬件等多方面因素的限制。

因此，人们试图利用软件技术，通过图像处理的方式（即图像超分辨率重建方法）来提高图像的分辨率，改善图像的视觉效果。软件方法的简要应用过程如图 8-2 所示。图 8-2（a）为常规的对相机获取的低分辨率（Low Resolution，LR）图像的显示/应用过程，图 8-2（b）所示是在图 8-2（a）的基础上，对相机获取的低分辨率图像进行超分辨率重建处理，得到相应的高分辨率图像，并用于后续的显示/应用中的过程。软件方法更经济有效，而且非常灵活，便于调整，因此研究图像的超分辨率重建方法是非常有意义而且必要的。

将一帧或多帧低分辨率的观测图像恢复成高分辨率图像或图像序列的技术被称为图像超分辨率（Super Resolution，SR）重建技术。图像超分辨率重建技术具有广阔的应用前景，已经成为近年来图像处理、计算机视觉以及人工智能等领域的研究热点。

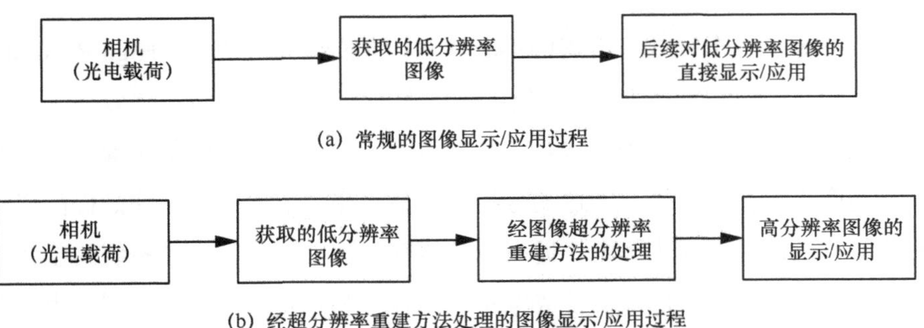

图 8-2　图像超分辨率重建方法的应用过程

图像超分辨率重建技术有多种不同的分类方法，可以依据图像成像方式的不同、图像颜色的不同、研究方法的不同、研究空间的不同和图像数目的不同等进行区分，如图 8-3 所示。具体地说，根据图像成像方式的不同，可以分为对可见光图像、红外图像、雷达图像等超分辨率重建的方法；根据图像颜色的不同，可以分为对灰度图像（单通道图像）和彩色图像的超分辨率重建方法；根据研究方法的不同，可以分为基于插值、基于重建和基于学习的超分辨率重建方法，其中基于重建的方法根据研究空间的不同，也可分为基于频域、基于空域、基于空域–频域与基于压缩域的超分辨率重建方法；根据图像数目的不同，可以分为单帧图像的超分辨率（Single Image Super-Resolution，SISR）重建方法、多帧图像的超分辨率重建方法与视频序列的图像超分辨率重建方法。

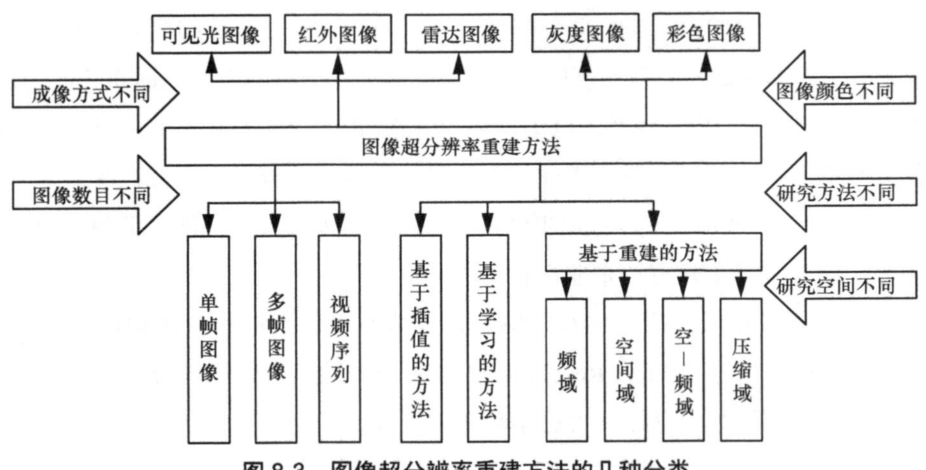

图 8-3　图像超分辨率重建方法的几种分类

8.2　传统方法

8.2.1　基于插值的方法

一般情况下，基于插值的方法会以某一像素点四周的一个或几个像素的值为依据，以此计算出放大图像中新生像素点的数值，如图 8-4 所示。基本的有最邻近插值（Nearest Neighbour Interpolation）、双线性插值（Bilinear Interpolation）和双三次插值（Bicubic Interpolation）。最邻近插值也被称为零阶插值，该方法将新生像素点的值与其距离最近的像素点设为相同，原理简单、计算方便，但对于灰度变换较多的图像，插值后会出现严重的锯齿现象。双线性插值也被称为一阶插值，以围绕新生像素点的 4 个像素为基础，获得新像素点的数值，即通过对 4 个像素在水平与垂直方向上分别进行插值得到新生像素点的数值。双三次插值相比上述两种方法更为复杂，速度较慢，但插值效果较好。对比结果如图 8-5 所示。

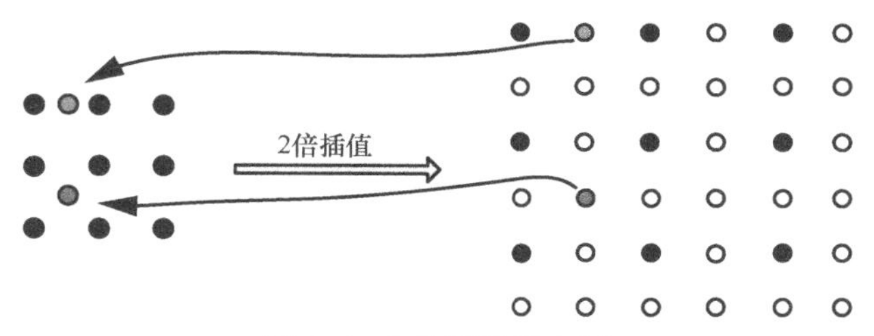

图 8-4　2 倍插值示意图

(a) LR图像

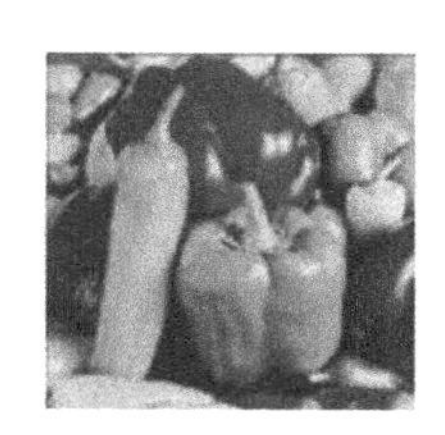

(b) 最邻近插值

(c) 双线性插值

(d) 双三次插值

图 8-5　不同插值方法的结果对比

8.2.2 基于重建的方法

基于重建的方法主要分为频域法与面向空域法两大类。空域法表示直接从二维空间的角度处理图像中像素点之间的关系。相比于频域法，空域法具有较强的先验性，性能领先于频域法。

迭代反投影（Iterative Back Projection，IBP）图像 SR 重建方法首先求取 LR 图像之间差值的投影矩阵，然后将其映射到预估的 HR 图像中，更新重建的 HR 图像，循环该过程直至达到预期的结果。基于凸集投影（Projection Onto Convex Set，POCS）算法的超分辨率重建方法认为重建得到的 HR 图像应同时满足数据一致性、动态范围及相似性等相关方面的先验约束条件。最大后验概率（Maximum A Posterior，MAP）算法是基于概率论提出的，旨在在最大后验概率的情况下获得最优解。

8.2.3 基于学习的方法

上面几种基于重建的图像超分辨率重建方法在图像重建过程中用到的所有信息均来自于低分辨率观测图像，仅仅通过对低分辨率图像中信息的提取与融合等方式尽可能计算出更多的图像细节信息，性能受输入图像的影响很大。随着图像分辨率的不断提升，基于重建的方法性能可能会达到一个瓶颈。近年来，随着计算机领域的蓬勃发展，基于学习的图像 SR 重建算法不断受到众人的关注，逐渐成为研究热点。

现有基于深度学习的图像超分辨率重建方法主要分为 4 个步骤：①构建训练所需的外部图像数据库；②搭建合适的网络框架；③利用样本数据库对网络进行训练，优化网络参数，获得图像的特征表示及先验知识；④将低分辨率图像作为训练优化后的网络的输入，得到最终的高分辨率图像。其中网络的搭建和训练是至关重要的环节，网络框架大多以卷积神经网络为模型，后期引入了生成对抗网络作为训练模型。

如图 8-6 所示，这里 I_G 表示分辨率为 $m \times n$ 的原始高分辨率图像，I_L 表示由 I_G

经 s 倍降采样得到的分辨率为 $(m/s)\times(n/s)$ 的图像，I_{LR} 表示由 I_L 经双三次插值方法放大 s 倍得到的图像，I_{HR} 表示相应的超分辨率重建方法得到的高分辨率图像。

(a) I_G图像

(b) I_L图像

(c) I_{LR}图像

(d) I_{HR}图像

图 8-6　不同图像的表示

8.3　基于卷积神经网络的图像超分辨率重建方法

董超等人于 2014 年提出了一种基于卷积神经网络的单幅图像超分辨率重建（Super-Resolution Using Convolutional Neural Networks，SRCNN）方法，开创了利用深度学习方法对图像的超分辨率重建进行研究的先河。虽然该方法采用的网络模型相对简洁，但图像重建效果良好，打开了基于深度学习的图像超分辨率重建的大门，为后续研究奠定了坚实的基础。

该算法采用深度学习方法直接对高低分辨率图像对进行训练学习，实现了一个端到端的学习架构，将 LR 图像直接作为网络的输入，通过非线性映射，直接重建得到 HR 图像，方法示意图如图 8-7 所示。

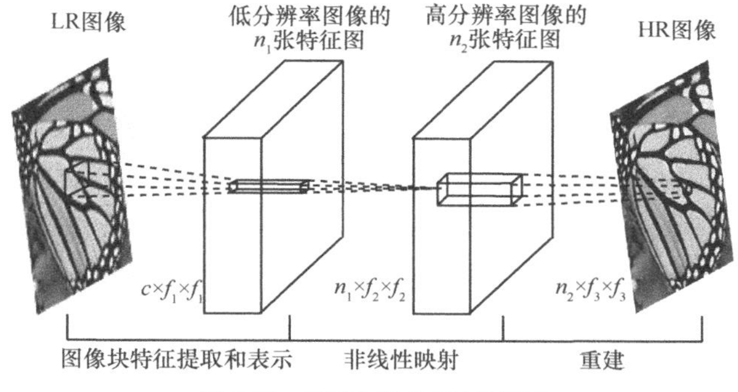

图 8-7　SRCNN 方法示意图

8.3.1 网络模型

如图 8-7 所示，SRCNN 将图像的超分辨率重建过程分为 3 个部分：图像块特征提取和表示、非线性映射和图像重建。

（1）图像块特征提取与表示

对于某一 LR 图像，先通过插值法将其放大到要求的分辨率，然后将其作为网络的输入，首先经过卷积层对图像进行特征提取，因为卷积运算的一个重要特点就是可以使原信号的特征增强，并且能够降低噪声影响。

用一组预先训练的基（DCT、Haar 等）提取图像块的特征是图像重建领域的常用方式。在深度学习方法中，其等效于用一组卷积核在图像上进行滑动（即卷积操作），得到一组特征图，该操作的计算式表示为：

$$F_1(Y)=g(W_1 * Y + B_1) \tag{8-1}$$

其中，W_1 表示一组数量为 n_1、大小为 $c \times k_1 \times k_1$ 的卷积核（c 为输入图像的通道数量，k_1 为卷积核的尺寸大小）；B_1 表示 n_1 维的偏差；*表示卷积操作，$g(x)$为激活函数，Y 为输入的插值放大后的低分辨率图像 I_L，$F_1(Y)$为经过卷积层之后得到的一个高维矢量（n_1 幅特征图），等效于对显著特征的提取。

人眼对图像的亮度信息更为敏感，因此在对低分辨率图像进行超分辨率重建时，与现有方法的处理方式相同，先将 RGB 图像转换成 YCbCr 图像，再对 YCbCr 图像中的 Y 通道（亮度通道）图像进行超分辨率处理，剩余两个通道则直接采取 Bicubic 方法进行插值放大到目标尺寸，3 个通道的图像融合后即最终的高分辨率图像。因此，超分辨率训练网络的输入图像通道数 c=1。

SRCNN 采用了修正线性单元（ReLU）作为网络中的激活函数，计算式表示为：

$$g(x)=\max(0, x) \tag{8-2}$$

与 Sigmoid 等函数相比，ReLU 这种线性激活函数更加简单，且能大大降低计算开销。因为 ReLU 函数的梯度为 1，且只有一端饱和，所以它不会像 Sigmoid 函数那样，在进行多层反向传播时梯度发生衰减、消失导致学习速度变慢。它能很好地在反向传播中流动，明显提升训练速度。而且 ReLU 的使用使得网络具有稀疏性，缩小了非监督学习和监督学习之间的代沟。

（2）非线性映射

第二个卷积层将第一层得到的 n_1 维特征图 $F_1(Y)$ 通过非线性映射的方式转换为另一高维向量，等效于对上一层得到的特征图 $F_1(Y)$ 进行特征增强，计算式可以表示为：

$$F_2(Y)=g(W_2 * F_1(Y)+B_2) \tag{8-3}$$

其中，W_2 为一组数量为 n_2、大小为 $n_1 \times k_2 \times k_2$ 的卷积核；B_2 表示 n_2 维的偏差；Y 为输入的插值放大后的低分辨率图像 I_L，$F_2(Y)$为经过第二层卷积层之后得到的特征图，即非线性映射阶段结果。从概念上来说，这一层输出的每一个特征图都代表一块高分辨率图像的图像块。

由图 8-8 可知，不同卷积层的特征图有不同的结构：第一层的特征图主要为不同方向上的边缘，而第二层特征图之间的差异主要表现在光照强度上。在第二层中可以添加更多的卷积层，但这一操作会相应提高模型的复杂度，并延长训练时间。

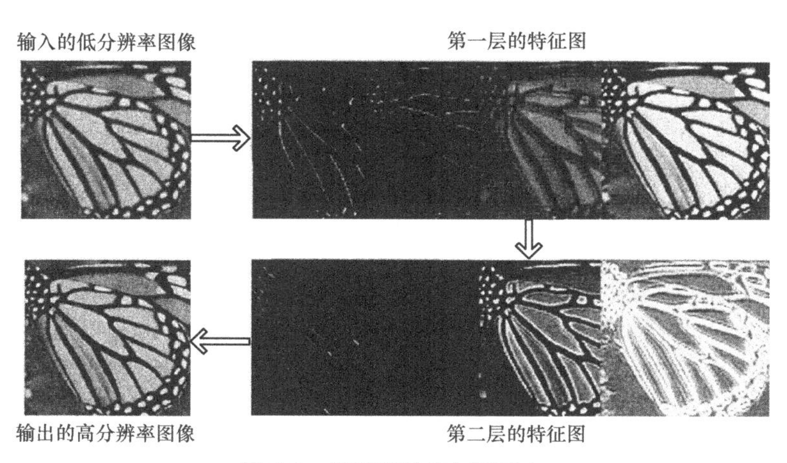

图 8-8　不同层的特征图样本

（3）图像重建

在第三个卷积层将特征进行融合，得到重建的 HR 图像，计算式可表示为：

$$F(Y)=W_3 * F_2(Y)+B_3 \tag{8-4}$$

其中，W_3 为一组数量为 c、大小为 $n_2 \times k_3 \times k_3$ 的卷积核；B_3 表示 c 维的偏差；$F(Y)$ 即重建的 HR 图像。

尽管以上 3 层的意义都不一样，但它们均为卷积层，并组成了 SRCNN 的网络模型。这个模型不但简单，而且其所有滤波权值和偏置均已被优化。

SRCNN 中 3 层的卷积核大小分别为 9×9、1×1、5×5，个数分别为 64、32、3，每层的卷积操作都未进行零填充操作。

8.3.2 损失函数

网络的输入图像 I_{LR} 在经过特征提取与表示、特征放缩、图像融合 3 个阶段之后，最后得到高分辨率图像 I_{HR}。通常来说，单幅图像的超分辨率重建方法目的在于寻找一个关于参数 θ 的映射函数 $M_\theta(x)$，使得我们能够由一个插值图像 I_{LR} 根据映射函数 $M_\theta(x)$ 得到高分辨率图像 I_{HR}。用 $\{G_i\}$ 表示一组原始的高分辨率图像，用 $\{H_i\}$ 表示相应的超分辨率重建图像。对于现有大多数的基于学习的超分辨率重建方法而言，最终的目的在于得到最优的参数 θ，使得超分辨率重建图像 H_i 与原始高分辨率图像 G_i 最相似，即：

$$\arg\max_{\theta} \sum_{H,G} \log p\left(H_i \middle| G_i\right) \tag{8-5}$$

SRCNN 方法中用一组真实图像 $\{G_i\}$ 和相应的超分辨率重建方法的结果 $\{H_i\}$ 的均方误差来表示损失函数。因此，SRCNN 方法的损失函数可表示为：

$$L_{\text{SRCNN}} = \frac{1}{N} \sum_{i=1}^{N} \left\| H_i - G_i \right\|^2 \tag{8-6}$$

其中，N 为图像个数。

8.3.3 训练样本

SRCNN 方法中采用的是数据集 Timofte dataset 中的 91 幅训练图像，将 Set5、Set14 作为测试集。首先将 91 幅训练图像按尺度因子降采样为低分辨率小尺寸图像 I_L，再将其通过双三次插值放大为原尺寸低分辨率图像 I_{LR}，设置子图像大小

$f_{\text{sub}}=33$，步幅为 14，则这 91 幅训练图像被裁剪为 24800 张子图像，这一系列子图像将作为网络训练阶段的输入。同时，将这 91 幅原始图像按相同的大小和步长裁剪为子图像，作为“标签”数据。

8.3.4　训练策略

网络的学习策略采用随机梯度下降法（Stochastic Gradient Descent，SGD），利用负梯度 $\nabla L(W)$、上一次的更新值 V_t 和当前权重 W_t 来计算当前的更新值 V_{t+1} 和权重 W_{t+1}，计算式为：

$$V_{t+1}=\mu V_t-\varepsilon\nabla L(W_t) \tag{8-7}$$

$$W_{t+1}=W_t+V_{t+1} \tag{8-8}$$

其中，动量 μ 为权值更新历史 V_t 的权重，设置为 μ=0.9，动量 μ 可以使权重的更新更加平缓，使学习过程更加稳定、快速；学习率 ε 是负梯度 $\nabla L(W)$ 的权重，初始化为 $\varepsilon=10^{-3}$。

网络模型的优化过程如图 8-9 所示，具体可分为 5 个步骤：

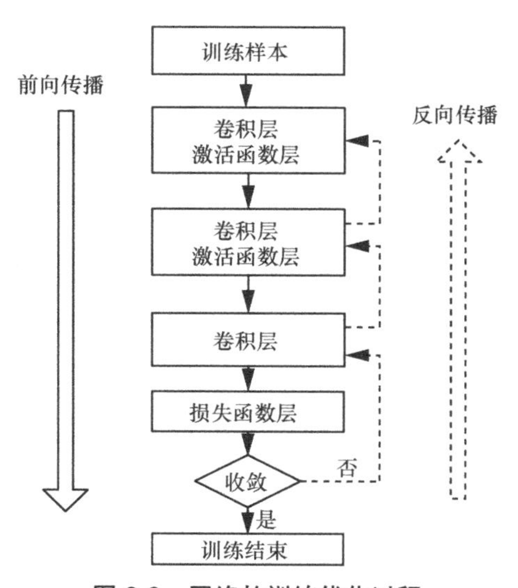

图 8-9　网络的训练优化过程

①构建训练样本，包括数据和标签两部分，具体构建过程如前文所述；

②进行网络的前向传播，将训练数据依次传递给 3 个卷积层，其中前两个卷积层都后接一层激活层，经过第三层卷积层后，计算网络输出结果与训练标签之间的均方误差，从而得到网络的损失；

③进行网络的反向传播，计算梯度；

④根据设置的网络优化策略更新网络参数，达到优化网络的目的；

⑤重复②、③、④步骤，直到网络的损失达到最小值，此时网络的优化过程完毕。

8.4 常用数据集与评价指标

基于深度学习的图像超分辨率重建方法一般采用的数据集是 Timofte Dataset，其包括 91 幅训练图像以及两个测试数据集 Set5 和 Set14，该数据集被应用于众多的单幅图像超分辨率重建方法测试中。Berkeley Segmentation Dataset 数据集中的 BSD300 及 BSD500 也分别提供了 100 幅、200 幅图像（BSD100、BSD200）用作测试。DIV2K 是一个由高质量图像组成的图像重建数据集，共包含 1000 幅图像，其中 800 幅为训练图像，100 幅用于验证，剩余 100 幅用于测试。除此之外，还有 Urban100 测试集、General-100 训练集。

图像质量通常是人们对一幅图像视觉感受好坏的评价，主要包含两个方面：逼真度和可懂度。在图像超分辨率重建领域中，需要比较原始标准图像与重建后图像之间的差别，也需要对不同超分辨率重建方法重建得到的图像进行优劣对比，因此需要合理的图像质量评价方法来作为相应依据，图像的质量评价方法也相应成为图像信息工程领域的基础研究之一。经过一段时间的研究讨论，人们目前主要采用主观评价方法与客观评价方法这两类质量评价方法。

图像质量的主观评价方法是指通过人眼观察图像、通过目视读取并结合观察者的自身经验、感受，从图像的对比度、清晰度、边缘纹理及伪信息等多个方面进行综合考量，判定图像质量好坏的一种方法。该方法的结果能够简单地反映对图像的直观感受，但容易受到观察者的个人经验、状态等因素的影响。主观评价方法只能提供定性的表述，具有不稳定性，缺少定量的数据支持。因此，目前主流的做法是将主观评价方法与客观评价方法相结合，同时给出定量与定性的评价，进行综合评定。

客观评价方法利用特定函数，对超分辨率重建图像与原始标准图像的某些特性进行计算，从而实现对超分辨率重建图像质量的定量描述，与主观评价方法的定性描述互为补充。相比于主观评价方法，客观评价方法具有稳定不变、可重复使用等特点。常用的客观评价方法有均方误差、峰值信噪比、结构相似度、归一化均方根误差和信息保真度准则。

参考文献

[1] 何林阳. 航空图像超分辨率重建关键技术研究[D]. 长春: 中国科学院研究生院(长春光学精密机械与物理研究所), 2016.

[2] 苏衡, 周杰, 张志浩. 超分辨率图像重建方法综述[J]. 自动化学报, 2013, 39(8): 1202-1213.

[3] HARRIS J L. Diffraction and resolving power[J]. Journal of the Optical Society of America, 1964, 54(7): 931.

[4] TSAI R Y. Multipleframe image restoration and registration[J]. Advances in Computer Vision & Image Processing Greenwich, 1984.

[5] GAJJAR P P, JOSHI M V. New learning based super-resolution: use of DWT and IGMRF prior[J]. IEEE Transactions on Image Processing, 2010, 19(5): 1201-1213.

[6] CHEN Y J, POCK T. Trainable nonlinear reaction diffusion: a flexible framework for fast and effective image restoration[J]. IEEE Transactions on Pattern Analysis and Machine Intelligence, 2017, 39(6): 1256-1272.

[7] HUANG J B, SINGH A, AHUJA N. Single image super-resolution from transformed self-exemplars[C]//Proceedings of 2015 IEEE Conference on Computer Vision and Pattern Recognition. Piscataway: IEEE Press, 2015: 5197-5206.

[8] DONG C, LOY C C, HE K M, et al. Learning a deep convolutional network for image super-resolution[M]//Computer Vision – ECCV 2014. Cham: Springer, 2014: 184-199.

[9] YANG J C, WRIGHT J, HUANG T, et al. Image super-resolution as sparse representation of raw image patches[C]//Proceedings of 2008 IEEE Conference on Computer Vision and Pattern Recognition. Piscataway: IEEE Press, 2008: 1-8.

[10] KIM J, LEE J K, LEE K M. Accurate image super-resolution using very deep convolutional networks[C]//Proceedings of 2016 IEEE Conference on Computer Vision and Pattern Recogni-

tion. Piscataway: IEEE Press, 2016: 1646-1654.

[11] KIM J, LEE J K, LEE K M. Deeply-recursive convolutional network for image super-resolution[C]//Proceedings of 2016 IEEE Conference on Computer Vision and Pattern Recognition. Piscataway: IEEE Press, 2016: 1637-1645.

[12] TAI Y, YANG J, LIU X M. Image super-resolution via deep recursive residual network[C]//Proceedings of 2017 IEEE Conference on Computer Vision and Pattern Recognition. Piscataway: IEEE Press, 2017: 2790-2798.

[13] DONG C, LOY C C, TANG X O. Accelerating the super-resolution convolutional neural network[M]//Computer Vision – ECCV 2016. Cham: Springer, 2016: 391-407.

[14] SHI W Z, CABALLERO J, HUSZÁR F, et al. Real-time single image and video super-resolution using an efficient sub-pixel convolutional neural network[C]//Proceedings of 2016 IEEE Conference on Computer Vision and Pattern Recognition. Piscataway: IEEE Press, 2016: 1874-1883.

[15] WANG Z W, LIU D, YANG J C, et al. Deep networks for image super-resolution with sparse prior[C]//Proceedings of 2015 IEEE International Conference on Computer Vision. Piscataway: IEEE Press, 2015: 370-378.

[16] FRIEDEN B R, AUMANN H H. Image reconstruction from multiple 1-D scans using filtered localized projection[J]. Applied Optics, 1987, 26(17): 3615-3621.

[17] SCHULTZ R R, STEVENSON R L. Extraction of high-resolution frames from video sequences[J]. IEEE Transactions on Image Processing, 1996, 5(6): 996-1011.

[18] DO M N, VETTERLI M. The contourlet transform: an efficient directional multiresolution image representation[J]. IEEE Transactions on Image Processing, 2005, 14(12): 2091-2106.

[19] LE PENNEC E, MALLAT S. Sparse geometric image representations with bandelets[J]. IEEE Transactions on Image Processing, 2005, 14(4): 423-438.

[20] MALLAT S G, ZHANG Z F. Matching pursuits with time-frequency dictionaries[J]. IEEE Transactions on Signal Processing, 1993, 41(12): 3397-3415.

[21] REBOLLO-NEIRA L, LOWE D. Optimized orthogonal matching pursuit approach[J]. IEEE Signal Processing Letters, 2002, 9(4): 137-140.

[22] ZHANG Y L, TIAN Y P, KONG Y, et al. Residual dense network for image super-resolution[C]//Proceedings of 2018 IEEE/CVF Conference on Computer Vision and Pattern Recognition. Piscataway: IEEE Press, 2018: 2472-2481.

[23] LIANG M, HU X L. Recurrent convolutional neural network for object recognition[C]//Proceedings of 2015 IEEE Conference on Computer Vision and Pattern Recognition. Piscataway: IEEE Press, 2015: 3367-3375.

[24] HORÉ A, ZIOU D. Image quality metrics: PSNR vs. SSIM[C]//Proceedings of 2010 20th International Conference on Pattern Recognition. Piscataway: IEEE Press, 2010: 2366-2369.

[25] WANG Z, BOVIK A C, SHEIKH H R, et al. Image quality assessment: from error visibility to structural similarity[J]. IEEE Transactions on Image Processing: A Publication of the IEEE Signal Processing Society, 2004, 13(4): 600-612.

[26] MAO X J, SHEN C H, YANG Y B. Image restoration using very deep convolutional encoder-decoder networks with symmetric skip connections[J]. arXiv prerint, 2016, arXiv: 1603.09056.

[27] SIMONYAN K, ZISSERMAN A. Very deep convolutional networks for large-scale image recognition[J]. arXiv prerint, 2014, arXiv: 1409.1556.

[28] KINGMA D P, BA J. Adam: a method for stochastic optimization[J]. arXiv prerint, 2014, arXiv: 1412.6980v8.